内容简介
INTRODUCTION

工伤预防对于保障职工生命安全、维护用人单位健康发展及促进社会和谐稳定具有至关重要的意义。通过切实可行的预防手段，人们可以从源头上降低工伤事故和职业病的发生概率，为用人单位营造更加安全、高效的工作环境。因此，加强工伤预防相关知识的宣传，对于维护职工合法权益、提升用人单位社会责任以及推动社会和谐发展都具有深远的意义。

本书是"工伤保险普法知识学习手册丛书"之一，前三章介绍了工伤保险的定义、类型等基本概念，工伤保险的相关术语及其法律体系。第4章至第6章则从多个角度探讨了工伤预防管理的实践和各类法律政策中的相关规定，以及各行业在工伤预防方面的具体做法和经验。最后一章对工伤预防工作的发展历程进行了回顾，并分析了当前面临的挑战。

本书选题典型，文字简洁、通俗易懂，版式设计新颖且活泼，并配以原创漫画插图，生动直观。本书适用于各类用人单位的安全管理人员、工伤保险从业人员等读者群体，特别适用于对广大职工群众普及工伤保险法律知识。

工伤保险普法知识学习手册丛书

工伤预防管理知识学习手册

主　编 ◎ 佟瑞鹏　吴韶辉
副主编 ◎ 芦佳乐　李聪聪

中国劳动社会保障出版社

图书在版编目（CIP）数据

工伤预防管理知识学习手册 / 佟瑞鹏，吴韶辉主编. 北京：中国劳动社会保障出版社，2025. --（工伤保险普法知识学习手册丛书）. -- ISBN 978-7-5167-6923-2

I . X928.03-62

中国国家版本馆 CIP 数据核字第 2025YN0643 号

工伤预防管理知识学习手册
GONGSHANG YUFANG GUANLI ZHISHI XUEXI SHOUCE

中国劳动社会保障出版社出版发行
（北京市惠新东街 1 号　邮政编码：100029）

*

北京盛通印刷股份有限公司印刷装订　　新华书店经销
880 毫米 ×1230 毫米　32 开本　4.25 印张　92 千字
2025 年 6 月第 1 版　2025 年 6 月第 1 次印刷
定价：16.00 元

营销中心电话：400-606-6496
出版社网址：https://www.class.com.cn

版权专有　　侵权必究

如有印装差错，请与本社联系调换：（010）81211666
我社将与版权执法机关配合，大力打击盗印、销售和使用盗版图书活动，敬请广大读者协助举报，经查实将给予举报者奖励。
举报电话：（010）64954652

目 录
CONTENTS

第1章 工伤保险概述 /1

1. 工伤的定义 /1
2. 工伤保险的定义 /2
3. 工伤保险的作用 /2
4. 工伤保险的特点 /3
5. 工伤保险的原则 /5
6. 工伤保险的"三位一体"制度 /6
7. 工伤预防的内容与作用 /7
8. 工伤补偿的范围 /7
9. 工伤康复的作用与内容 /10

第2章 工伤保险基本概念 /13

10. 社会保险基本概念 /13
11. 工伤保险基金及费率相关概念 /15
12. 工伤预防相关概念 /16
13. 工伤认定相关概念 /17
14. 劳动能力鉴定相关概念 /18
15. 职业病诊断相关概念 /19

16. 工伤康复相关概念 /21

17. 工伤保险待遇相关概念 /22

18. 工伤保险服务管理相关概念 /24

第3章 工伤保险法律体系 /27

19. 我国工伤保险法治 /27

20. 工伤保险相关政策 /30

21. 工伤保险相关法律 /34

22. 工伤保险相关法规 /38

23. 工伤保险相关规章制度 /40

24. 工伤保险相关标准规范 /44

第4章 工伤预防管理概述 /47

25. 工伤预防的地位和作用 /47

26. 工伤预防管理机制和经验 /49

27. 工伤预防管理模式 /53

28. 工伤预防管理措施 /54

29. 工伤预防技术措施 /59

第5章 工伤预防法律、法规及政策 /63

30. 工伤预防现有法律、法规和政策体系 /63

31. 《中华人民共和国安全生产法》关于工伤预防的相关规定 /66

32. 《中华人民共和国社会保险法》关于工伤预防的相关规定 /71

33. 《中华人民共和国劳动法》关于工伤预防的相关规定 /73

34. 《中华人民共和国工会法》关于工伤预防的相关规定 /76

35. 《中华人民共和国职业病防治法》关于工伤预防的相关规定 /77

36. 《工伤保险条例》关于工伤预防的相关规定 /82

37. 《劳动保障监察条例》关于工伤预防的相关规定 /83

38. 《工伤预防费使用管理暂行办法》主要规定 /85

39. 《工伤预防五年行动计划（2021—2025年）》整体规划 /89

40. 工伤预防试点工作意义与原则 /93

41. 工伤预防试点城市及落实 /94

第6章　重点行业领域工伤预防管理规定 /99

42. 尘肺病重点行业工伤预防管理规定 /99

43. 煤矿行业工伤预防管理规定 /101

44. 机械制造行业工伤预防培训管理规定 /103

45. 交通运输建设行业工伤预防管理规定 /105

46. 建筑业工伤预防管理规定 /107

47. 危险化学品行业工伤预防培训管理规定 /111

48. 新就业形态就业领域职业伤害保障管理规定 /113

第7章　工伤预防工作发展状况 /117

49. 工伤预防工作发展历程 /117

50. 工伤预防工作发展现状 /119

51. 工伤预防工作面临的问题和挑战 /120

52. 工伤预防的主要任务和政策建议 /122

第1章
工伤保险概述

1. 工伤的定义

工伤,亦称职业伤害、工作伤害。"工伤"一词的规范化表述来自1921年国际劳工大会通过的公约,该公约认为,工作直接或间接引起的事故为工伤。1964年第48届国际劳工大会通过的公约规定工伤补偿应将职业病和上下班途中交通事故包括在内。

我国国家标准《社会保险术语 第5部分:工伤保险》(GB/T 31596.5—2015)将"工伤"定义为"职工因工作遭受事故伤害或患职业病"。

2. 工伤保险的定义

工伤保险是国家立法实施的，通过用人单位缴费筹资形成基金，对职工因工作原因遭受事故伤害或者患职业病的，给予职工及其近亲属相应待遇的一项社会保险制度。

早期的工伤保险实际上是"工伤赔偿"，即职工因工导致伤残、疾病或死亡时，对职工本人或其供养亲属给予经济赔偿和提供物质帮助的一种社会保险制度。随着社会的发展，工伤保险的功能不断完善。现代意义上的工伤保险，不仅包括保障因工作遭受事故伤害或者患职业病的职工获得医疗救治和经济补偿，而且包括促进企业安全生产，降低企业工伤事故及职业病发生率，并通过现代康复手段，使工伤职工尽快恢复劳动能力，促进其回归社会，即建立并形成工伤预防、工伤补偿、工伤康复"三位一体"的制度体系。

3. 工伤保险的作用

工伤保险是社会保险制度的重要组成部分，对于保障工伤职工的合法权益，促进工伤预防与安全生产，分散用人单位的工伤风险，维护社会安定具有重要的作用。

（1）保障工伤职工的合法权益

为工伤职工提供必要的医疗救助和经济补偿，是建立健全工伤保险制度的主要目的之一。建立社会共济的工伤保险制度，有利于保障工伤职工得到及时治疗、康复，使工伤职工和工亡职工近亲属的基本生活得到保障，从而保障工伤职工的合法权益。

（2）促进工伤预防与安全生产

我国的工伤保险制度已逐步形成工伤预防、工伤补偿、工伤康复"三位一体"的制度体系，并且对工伤预防、工伤康复等的关注程度不断提高。通过实行行业差别费率和用人单位浮动费率机制，以及在工伤保险基金中列支工伤预防费等措施，促进用人单位加强工伤预防工作，减少工伤事故和职业病的发生，从而保护职工的生命安全和身体健康。

（3）分散用人单位的工伤风险

社会保险的基本宗旨就是分散风险。建立工伤保险制度就是要通过工伤保险基金的互助互济功能，分散用人单位的工伤风险，避免用人单位在职工发生工伤事故后不堪重负，避免工伤职工的合法权益得不到保障。同时，通过工伤保险的社会化管理服务，可以解决用人单位社会负担重的问题，使其能够全力参与市场竞争。

4. 工伤保险的特点

工伤保险作为社会保障制度的重要组成部分，具有 4 个突出的基本特点，分别是强制性、非营利性、保障性和互助互济性。

（1）强制性

工伤保险是国家通过立法形式强制规定适用范围的保险类型。国家通过法律法规明确规定所有用人单位和职工必须参加工伤保险。

（2）非营利性

工伤保险的设立初衷是履行社会责任，保障工伤职工的基本生活和健康权益，而不是为了营利。依法参加工伤保险是用人单位应履行的责任，也是职工应享受的基本权利。

（3）保障性

在职工发生工伤事故后，对工伤职工或工亡职工近亲属发放工伤保险待遇，保障其生活。

（4）互助互济性

工伤保险通过强制征收保险费，建立工伤保险基金，并在人员之间、地区之间、行业之间实行再分配，调剂使用基金。

5. 工伤保险的原则

工伤保险作为社会保险最早产生的险种，经过多年的发展和完善，已形成了一些国际上普遍认同的基本理念和主要原则，主要有以下 6 个方面。

（1）强制性原则

国家通过立法，强制用人单位对职工的事故伤害和职业病负责，实行基金统筹模式，要求用人单位为全体职工参保缴费。世界上凡是实行了工伤保险制度的国家，都是由国家或政府颁布法律法规强制实施。

（2）无过错补偿原则

无过错补偿原则又称补偿不究过失原则，即职工受到工伤事故伤害后，不管过错在谁，工伤职工均可获得经济补偿，以保障其得到及时的救治和基本生活保障。无过错补偿原则并不妨碍有关部门对事故责任人的追究，以防止类似事故重复发生。

（3）职工个人不缴费原则

工伤保险费全部由用人单位缴纳，职工个人不缴费，这是工伤保险与基本养老保险、基本医疗保险等其他社会保险的主要区别之一，并已在国际上达成共识。

（4）实行行业差别费率和行业内费率档次原则

工伤保险产生和发展的过程，也是不断促进工伤预防、减少工伤事故的过程。工伤保险对工伤预防的促进作用，主要通过行业差别费率和行业内费率档次来体现，即工伤保险费率与行业或职业风险程度和用人单位工伤保险费使用、工伤发生率相关。工伤保险的行业差别费率和行业内费率档次机制也是工伤保险有别于其他社会保险的重要特征之一。

（5）工伤预防、工伤补偿和工伤康复相结合的原则

工伤预防、工伤补偿和工伤康复三者是密切相关的，构成了工伤保险制度的三个支柱。工伤预防是工伤保险制度的重要内容，工伤保险制度致力于采取各项措施，减少或预防工伤事故。工伤事故发生后，及时对工伤职工予以医治并给予经济补偿，使工伤职工本人或其近亲属的生活得到一定的保障，是工伤保险制度的基本功能。同时，要及时对工伤职工进行医学康复和职业康复，使其尽可能恢复或部分恢复生活能力和劳动能力，进而具备从事某种职业的能力，这是工伤保险制度为伤残职工提供的良好保障。

（6）一次性补偿与长期补偿相结合原则

对工伤职工或因工死亡职工的近亲属，工伤保险待遇实行一次性补偿与长期补偿相结合的办法。例如，对一级至六级伤残的工伤职工、因工死亡职工的近亲属，工伤保险基金一般在支付一次性补偿的同时，还按月支付长期补偿。这种一次性补偿与长期补偿相结合的办法，可以长期、有效地保障工伤职工及工亡职工近亲属的基本生活。这也是工伤保险不同于其他保险（如商业保险）的重要特征之一。

6. 工伤保险的"三位一体"制度

《工伤保险条例》由 2003 年 4 月 27 日中华人民共和国国务院令第 375 号公布，根据 2010 年 12 月 20 日《国务院关于修改〈工伤保险条例〉的决定》修订。修订后的《工伤保险条例》对工伤预防、工

伤康复费用作出了制度安排，使工伤预防、工伤补偿、工伤康复"三位一体"的制度框架最终形成，使我国的工伤保险制度在注重工伤补偿的同时，强化事前的积极预防和事后的职业康复，进而从根本上保障职工的合法权益。

7. 工伤预防的内容与作用

工伤预防是指为避免与降低工伤风险所采取的宣传、培训等手段和措施。工伤风险是指在工作过程中工伤发生的概率和造成危害的程度。

工伤预防是建立健全工伤预防、工伤补偿、工伤康复"三位一体"工伤保险制度的重要内容。开展工伤预防，可以促进安全生产，避免和减少事故伤害和职业病的发生，有效保障职工的安全和健康；可以减少经济损失，有效控制工伤保险基金支出；可以减少企业内部不安全的管理和技术因素，提升企业的竞争力，促进企业稳定发展乃至社会稳定。此外，将工伤预防作为工伤保险优先事项，采取一切适当的手段组织推进，切实提升工伤预防意识和能力，能够促进劳动者实现稳定就业，促进经济社会持续健康发展，实现从"要我预防"到"我要预防""我会预防"的转变。

8. 工伤补偿的范围

职工因工作原因受到事故伤害或者患职业病，且经工伤认定的，享受工伤保险待遇；其中，经劳动能力鉴定丧失劳动能力的，享受伤残待遇。

（1）工伤保险基金补偿

职工因工伤发生的下列费用，依法从工伤保险基金中支付：

1）治疗工伤的医疗费用和康复费用；

2）住院伙食补助费；

3）到统筹地区以外就医的交通食宿费；

4）安装配置伤残辅助器具所需费用；

5）生活不能自理的，经劳动能力鉴定委员会确认的生活护理费；

6）一次性伤残补助金和一级至四级伤残职工按月领取的伤残津贴；

7）终止或者解除劳动合同时，应当享受的一次性工伤医疗补助金；

8）因工死亡的，其近亲属领取的丧葬补助金、供养亲属抚恤金和一次性工亡补助金；

9）劳动能力鉴定费。

（2）用人单位补偿

因工伤发生的下列费用，依法由用人单位支付：

1）治疗工伤期间的工资福利；

2）五级、六级伤残职工按月领取的伤残津贴；

3）终止或者解除劳动合同时，应当享受的一次性伤残就业补助金；

4）生活不能自理的工伤职工在停工留薪期需要护理的由所在单位负责。

第1章 工伤保险概述

? 疑难解答

承诺放弃社会保险，还能享受工伤保险待遇吗？

案例：某职工在入职时签署了自愿放弃缴纳"五险一金"承诺书。该职工在某次长途出差途中，发生交通事故，严重受伤，交警判定该职工无责任。公司依据该职工入职时签署的自愿放弃缴纳"五险一金"承诺书，认为不应承担赔偿责任。

根据《工伤保险条例》第二条，中华人民共和国境内的企业、事业单位、社会团体、民办非企业单位、基金会、律师事务所、会计师事务所等组织和有雇工的个体工商户（统称用人单位）应当依照《工伤保险条例》规定参加工伤保险，为本单位全部职工或者雇工（统称职工）缴纳工伤保险费。职工均有依照《工伤保险条例》的规定享受工伤保险待遇的权利。

9

用人单位参加工伤保险是为了保障职工在工伤时，能依法从国家和社会获得物质帮助，也是法律法规明确规定用人单位应履行的义务，并不能由用人单位和职工协商决定放弃或免除。

工伤保险是社会保险之一，不同于商业保险，属于国家强制性的保险。根据《中华人民共和国劳动法》第七十二条，用人单位和劳动者必须依法参加社会保险，缴纳社会保险费。根据《中华人民共和国社会保险法》第六十条，用人单位应当自行申报、按时足额缴纳社会保险费，非因不可抗力等法定事由不得缓缴、减免。

因此，本案例中该职工的自愿放弃缴纳"五险一金"承诺书是无效的。故而，该公司不能免除本次事故中应承担的工伤保险责任。

9. 工伤康复的作用与内容

工伤康复是在工伤保险制度框架下，利用现代康复的理论和技术，为工伤人员提供康复服务，最大限度地改善和提高其生理功能和职业劳动能力，促进其回归社会和重返工作岗位。

工伤康复服务的内容包括生理康复、心理康复、职业康复和社会康复等，具体如下：及早发现、诊断与处理；社会、心理及其他方面的咨询和协助；进行自理训练，包括行动、交往及日常生活技能，并为运动、听觉、视觉功能受损者提供所需的特殊器材；提供辅助器械、行动工具及其他设备；专门教育服务；职业技能训练（包括职业指导）、职业培训、保护性的就业安置等。

 **拓展阅读**

工伤康复业务流程如图 1-1 所示。

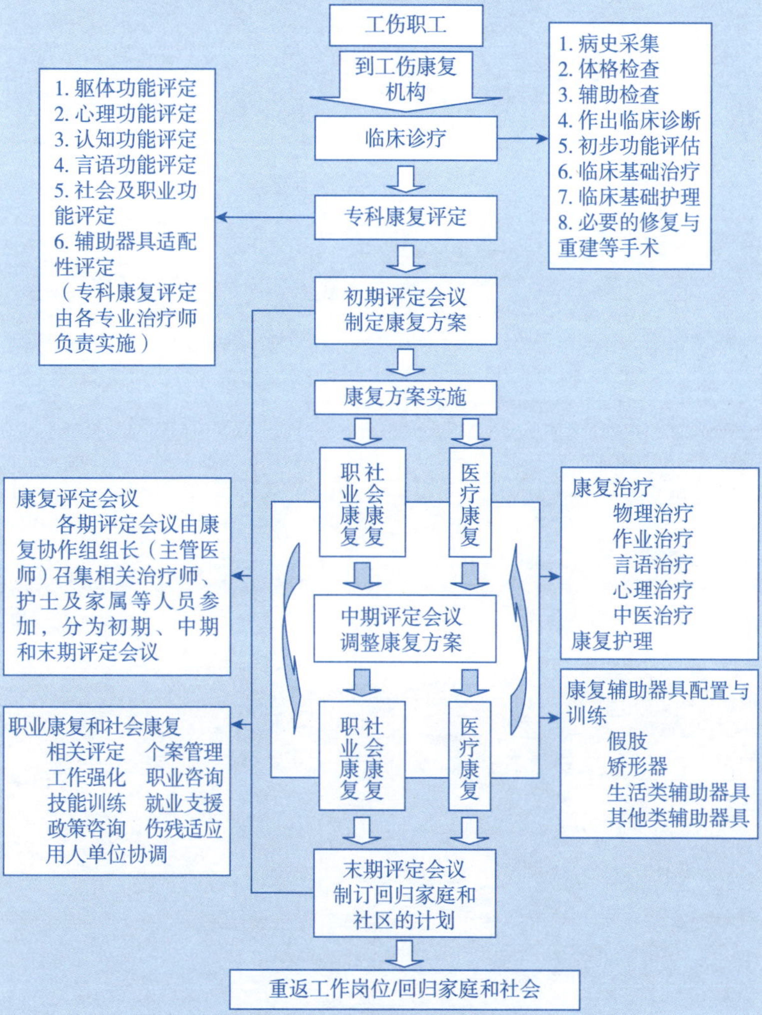

图 1-1　工伤康复业务流程

第2章 工伤保险基本概念

10. 社会保险基本概念

社会保险是指通过国家立法形式,多渠道筹集资金,对参保人在年老、疾病、工伤、失业、生育等情况下依法提供物质帮助,使其享有基本生活保障的一项社会保障制度。社会保险包括基本养老保险、基本医疗保险、工伤保险、失业保险、生育保险等。

(1) 基本养老保险

基本养老保险是指国家立法实施的,通过参保人、用人单位和政府等多方筹资形成基金,对参保并缴纳费用、达到待遇领取条件者依法提供物质帮助,在其因年老而退出劳动后,享有基本生活保障的一项社会保险制度。

（2）基本医疗保险

基本医疗保险是指国家立法实施的，通过参保人、用人单位和政府等多方筹资形成基金，对参保人因患病而就医诊疗时提供资金支持，以保障其享有基本医疗服务的一项社会保险制度。

（3）工伤保险

工伤保险是指国家立法实施的，通过用人单位缴费筹资形成基金，对职工因工作原因遭受事故伤害或者患职业病的，给予职工及其近亲属相应待遇的一项社会保险制度。

（4）失业保险

失业保险是指国家立法实施的，通过参保人、用人单位等筹资形成基金，对因失业而暂时失去工资收入的参保缴费者提供物质帮助，以保障其基本生活，维持劳动力再生产，为其重新就业创造条件的一项社会保险制度。

（5）生育保险

生育保险是指国家立法实施，通过用人单位缴费等筹资形成基金，

在参保者因生育和计划生育,按规定给予经济补偿和保障基本医疗需求的一项社会保险制度。

11. 工伤保险基金及费率相关概念

工伤保险基金是国家为实施工伤保险制度,通过法定程序建立的用于特定目的的专项资金。稳定充足的工伤保险基金是保障工伤保险制度顺利实施的基本条件。

(1)工伤保险基金

工伤保险基金是指按照法律规定,由用人单位缴纳的工伤保险费及其利息收入,以及其他依法纳入的资金汇集而成的,用于支付工伤保险待遇及其他相关支出的专项资金。

(2)工伤保险费率

工伤保险费率是指依据相关法律法规确定的用人单位参加工伤保险的缴费比率。

(3)工伤保险支缴率

工伤保险支缴率是指一定时期内,工伤保险基金为用人单位支付工伤保险待遇与该单位缴纳的工伤保险费的比率。

(4)工伤保险储备金

工伤保险储备金是指统筹地区按照规定从工伤保险基金中提取,用于支付重大事故等工伤保险待遇的备用资金。

(5)工伤保险基金支出

工伤保险基金支出是指用于职工工伤保险待遇,劳动能力鉴定,工伤预防的宣传、培训等费用,以及法律法规规定的用于工伤保险其他费用的支出。

 拓展阅读

> 《工伤保险条例》实施后，随着工伤保险参保人数的不断增加，工伤保险基金收支规模不断扩大，工伤保险基金的保障能力稳步增强。2023年全国工伤保险基金收入1 212亿元，是2004年的20.9倍；基金支出1 237亿元，是2004年的37.5倍。工伤保险基金管理运行平稳，切实保障了工伤职工的工伤保险权益，为实施工伤预防、工伤补偿、工伤康复"三位一体"的工伤保险制度奠定了坚实的基础。

12. 工伤预防相关概念

工伤预防是工伤保险制度的重要内容，是积极的、优先的工伤保险政策。工伤预防是运用工伤预防方法或技术手段降低工伤事故发生率，保障职工健康和安全，促进企业稳定发展，减少经济损失，促进社会和谐稳定的有效手段。

（1）工伤风险

工伤风险是指在工作过程中工伤发生的概率和造成危害的程度。

（2）工伤发生率

工伤发生率是指在一定时期内，用人单位（或统筹地区）发生工伤的人次数占职工总人数的比率。

（3）工伤预防

工伤预防是指避免与降低工伤风险所采取的宣传和培训等手段和

措施。

有研究表明，98%以上的工伤事故可以通过管理和技术手段避免，因此加强工伤预防工作十分重要。工伤预防就是采取管理和技术等方面的措施，以期从源头上减少和避免事故和职业病的发生，最终实现"零工伤"的目标。工伤预防对于促进安全生产、保护职工的安全和健康至关重要。

13. 工伤认定相关概念

工伤认定是工伤保险的重要内容，也是职工依法享受工伤保险待遇的必经环节。社会保险行政部门依法作出的工伤认定结论不仅与劳动关系双方的切身利益密切相关，而且对工伤保险基金的安全与完整产生直接的影响。

（1）工伤认定

工伤认定是指社会保险行政部门依法认定职工所受伤害是否属于工伤的行政行为。

（2）工伤认定申请受理

工伤认定申请受理是指社会保险行政部门对工伤认定申请人提交的认定申请材料进行审查确认，决定是否受理的行政行为。

（3）工伤认定申请时限

工伤认定申请时限是指法律规定的工伤认定申请人提出工伤认定申请的有效期限。

（4）工伤认定时限

工伤认定时限是指社会保险行政部门作出工伤认定决定的法定期限。

（5）工伤认定决定时限中止

工伤认定决定时限中止是指社会保险行政部门受理工伤认定申请后，在出现法定情形下作出的中止认定时限的行政行为。

14. 劳动能力鉴定相关概念

劳动能力是职工进行相关职业活动的能力。劳动能力鉴定是职工享受相关待遇的重要依据，是防范基金风险的重要环节。

（1）劳动能力鉴定

劳动能力鉴定是指劳动能力鉴定委员会依据国家制定的劳动能力鉴定标准对工伤职工的劳动功能障碍程度和生活自理障碍程度作出的技术性鉴定结论，以及对因病或非因工致残申请领取病残津贴人员丧失劳动能力程度作出的技术性鉴定结论。

（2）劳动功能障碍程度

劳动功能障碍程度即伤残等级，是指劳动能力鉴定委员会根据国家制定的劳动能力鉴定标准，确定工伤职工所受伤害的伤残程度。

（3）生活自理障碍程度

生活自理障碍程度是指劳动能力鉴定委员会根据国家制定的劳动能力鉴定标准，确定工伤职工生活自理能力受到伤害的程度。

（4）辅助器具配置确认

辅助器具配置确认是指劳动能力鉴定委员会根据有关规定，确认工伤职工是否应配置辅助器具的程序。

（5）劳动能力鉴定期限

劳动能力鉴定期限是指劳动能力鉴定委员会依法评定工伤职工或因病或非因工致残申请领取病残津贴人员伤残等级的时限。

15. 职业病诊断相关概念

职业病是企业、事业单位和个体经济组织等用人单位的劳动者在职业活动中，因接触粉尘、放射性物质和其他有毒、有害因素而引起的疾病。

（1）职业病诊断

职业病诊断是指具有职业病诊断资质的医疗卫生机构，根据《中华人民共和国职业病防治法》《职业病诊断与鉴定管理办法》和相关职业病诊断标准，以劳动者的职业病危害因素接触史、临床表现和医学检查结果为主要依据，结合既往病史、工作场所职业病危害因素检测情况等资料，综合分析其疾病的特征和发展变化是否符合相应的职业病特征、发生发展规律和流行病学规律，对接触职业病危害因素的劳动者作出是否患有职业病的诊断结论。

（2）职业病诊断证明书

职业病诊断证明书是指职业病诊断机构依法向劳动者、用人单位出具的职业病诊断证明文件。

（3）职业病诊断鉴定

劳动者或用人单位对职业病诊断结论有异议时，在接到职业病诊断证明书之日起30日内，可以向作出诊断结论的诊断机构所在地设区的市级卫生健康行政部门申请鉴定。设区的市级卫生健康行政部门组织的职业病诊断鉴定委员会负责职业病诊断争议的首次鉴定。

劳动者或用人单位对设区的市级职业病诊断鉴定委员会的鉴定结论不服的，在接到职业病诊断鉴定书之日起15日内，可以向原鉴定机构所在地省级卫生健康行政部门申请再鉴定。省级职业病诊断鉴定委员会的鉴定为最终鉴定。

（4）职业病诊断鉴定书

职业病诊断鉴定书是指职业病诊断鉴定委员会依法向申请职业病鉴定的当事人出具的职业病鉴定结果证明文件。

（5）职业病诊断标准

职业病诊断标准是指国家有关部门颁发的具有法律意义的职业病诊断技术标准。

（6）职业病诊断分级标准

职业病诊断分级标准是指在职业病诊断标准中，作为反映疾病严重程度分级的临床及实验室指标。

（7）职业病诊断指标

职业病诊断指标是指在职业病诊断标准中，作为职业病诊断依据的症状、体征和实验室检查的特异或非特异性指标。

16. 工伤康复相关概念

工伤康复在工伤保险制度中占据重要地位，对于推动工伤职工重新融入社会、重返工作岗位以及实现有尊严的生活具有重大意义。

（1）工伤康复

工伤康复是指综合、协调地应用医疗的、工程的、教育的、职业的、心理的、社会的以及其他措施，对工伤职工进行治疗、辅助、训练、辅导、补偿、提高，恢复工伤职工的身体功能、生活自理能力和职业劳动能力，以消除或者减轻工伤造成的后果，改善工伤职工参与劳动、就业等社会生产、生活的自身条件的过程。

（2）工伤医疗康复

工伤医疗康复是指运用各种临床诊疗和康复治疗的手段，改善和提高工伤职工的身体功能和生活自理能力的过程。

（3）工伤职业康复

工伤职业康复是指通过职业康复评估与专业技能学习和训练，使工伤残疾职工恢复并达到一定劳动能力的过程。

17. 工伤保险待遇相关概念

工伤保险待遇是指职工因工作遭受事故伤害或者患职业病后，获得医疗救治和经济补偿的一种社会保障。经工伤认定的工伤职工，享受工伤保险待遇。

（1）工伤保险待遇享受条件

《中华人民共和国社会保险法》第三十六条规定，职工因工作原因受到事故伤害或者患职业病，且经工伤认定的，享受工伤保险待遇；其中，经劳动能力鉴定丧失劳动能力的，享受伤残待遇。

（2）工伤医疗（康复）待遇

工伤医疗（康复）待遇是指工伤职工进行治疗（康复）期间所享受的工伤医疗待遇总和。

1）工伤医疗费：工伤职工在抢救治疗以及职业病的治疗过程中，符合规定范围内的医疗费用。

2）工伤康复费：工伤职工在工伤保险协议康复机构康复过程中，符合规定范围内的费用。

3）住院伙食补助费：工伤职工在住院治疗、住院康复期间按规定享受的伙食补助。

4）交通食宿费：工伤职工经批准到统筹地区以外治疗工伤，按规定标准享受的交通、食宿费用。

5）停工留薪期：工伤职工暂时停止工作进行治疗并享受有关工伤保险待遇的期限。

（3）因工伤残待遇

因工伤残待遇是指工伤职工经劳动能力鉴定委员会确认伤残等级后，根据规定享受的相关工伤保险待遇。

1）一次性伤残补助金：工伤职工依据伤残等级享受的一次性职业伤害补偿费用。

2）伤残津贴：工伤职工达到国家规定的相应伤残等级时按月领取的津贴。

3）生活护理费：工伤职工经劳动能力鉴定委员会确认达到生活护理标准并确定等级，根据相关规定按月领取的费用。

4）配置辅助器具待遇：为帮助工伤职工提高身体功能，工伤职工经劳动能力鉴定委员会确认后，到工伤保险协议辅助器具配置机构，按规定配置辅助器具的待遇。

5）一次性工伤医疗补助金：工伤职工在解除或者终止劳动关系时，按不同伤残等级享受的一次性医疗补助费用。

6）一次性伤残就业补助金：工伤职工在解除或者终止劳动关系时，按不同伤残等级享受的一次性再就业补助费用。

（4）工亡待遇

工亡待遇是指职工因工死亡后，其近亲属按国家规定享受的包括丧葬补助金、一次性工亡补助金和供养亲属抚恤金等工伤保险待遇。

1）丧葬补助金：职工因工死亡，其近亲属按国家规定享受的丧葬费用补助。

2）一次性工亡补助金：职工因工死亡后，其近亲属按照国家规定领取的一次性费用补偿。

3）供养亲属抚恤金：职工因工死亡，依靠工亡职工生前提供主要生活来源、无劳动能力的近亲属，按照规定领取的生活补助费用。

18. 工伤保险服务管理相关概念

做好工伤保险服务管理工作，有利于保障工伤职工依法享有相关服务的权益，促进我国工伤保险事业发展。

（1）工伤保险经办机构

工伤保险经办机构是指统筹地区依法设立的经办工伤保险具体事务的组织机构。

（2）劳动能力鉴定委员会

劳动能力鉴定委员会是指负责组织对工伤职工劳动功能障碍程度和生活自理障碍程度等进行鉴定并作出鉴定结论的专门组织。

（3）工伤保险协议管理

工伤保险协议管理是指工伤保险经办机构通过与相关机构签订协

议，为工伤职工提供服务的管理方式。

1）工伤保险服务协议：工伤保险经办机构与医疗机构、康复机构、辅助器具配置等机构签订的，用于规范双方权利义务以及违约处理等办法的专门合约。

2）工伤保险协议医疗机构：与工伤保险经办机构签订工伤保险服务协议，为工伤职工提供医疗服务的医疗机构。

3）工伤保险协议康复机构：与工伤保险经办机构签订工伤保险服务协议，为工伤职工提供康复服务的康复机构。

4）工伤保险协议辅助器具配置机构：与工伤保险经办机构签订工伤保险服务协议，为工伤职工提供辅助器具配置的机构。

（4）工伤保险待遇管理

工伤保险待遇管理是指工伤保险经办机构按照规定对工伤职工及其近亲属享受工伤保险待遇的资格进行管理的行为。

1）享受工伤保险待遇资格核定：工伤保险经办机构依法对工伤职工及其近亲属享受工伤保险待遇的资格进行核准的行为。

2）工伤保险待遇核定：工伤保险经办机构依法对工伤职工的伤残待遇、医疗（康复）待遇等及其近亲属享受的工亡待遇等工伤待遇进行核准以及对工伤保险待遇调整审核的行为。

3）工伤医疗费用审核：工伤保险经办机构依法对工伤职工发生的医疗费用核准的行为。

4）工伤康复费用审核：工伤保险经办机构依法对工伤职工发生的康复费用核准的行为。

5）工伤保险药品目录：保证工伤职工救治、康复需要，由工伤保险基金支付费用的药品范围。

6）工伤保险诊疗项目目录：保证工伤职工救治、康复需要，由工伤保险基金支付费用的诊疗项目和医用耗材的范围。

7）工伤康复服务项目目录：保证工伤职工康复需要，由工伤保险基金支付费用的康复服务项目及范围。

8）工伤保险辅助器具目录：保证工伤职工日常生活或者就业需要，由工伤保险基金支付费用的辅助器具项目和辅助器具耗材范围。

9）工伤保险住院服务标准：保证工伤职工接受治疗、康复需要，由工伤保险基金支付的服务以及服务设施的费用支付标准。

第3章 工伤保险法律体系

19. 我国工伤保险法治

（1）发展历史

我国工伤保险制度是在中华人民共和国成立后，国民经济恢复与发展过程中逐步建立起来的；工伤保险制度的改革则是在我国由计划经济体制向市场经济体制转变中逐步深入的。我国工伤保险制度的建立和发展经历了3个阶段。

1）工伤保险制度的建立时期。1951年2月26日，中央人民政府政务院颁布了《中华人民共和国劳动保险条例》，这是我国第一部包括养老、工伤、生育等保险项目在内的全国性统一法规，也是我国实

施社会保障制度的起点。1953年1月2日，政务院修正并重新公布了《中华人民共和国劳动保险条例》，其中对工伤保险等问题作了较为详细的规定。

与此同时，国家机关、事业单位的保险制度也以单项法规的形式逐步建立。1950年12月11日，内务部公布了《革命工作人员伤亡褒恤暂行条例》，规定了伤残死亡待遇。1957年2月28日，卫生部颁布了《职业病范围和职业病患者处理办法的规定》，首次将职业病列入工伤补偿的范围。

2）工伤保险制度的停滞时期。1966—1976年，《中华人民共和国劳动保险条例》受到了否定，"社会保险"退化为"企业保险"。这一时期负责企业职工社会保险管理的中华全国总工会被停止活动。1969年2月，财政部发布《关于国营企业财务工作中几项制度的改革意见（草案）》，规定"国营企业一律停止提取劳动保险金"，并将"企业的退休职工、长期病号工资和其他劳保开支，改在营业外列支"。

3）工伤保险制度的恢复和重建时期。1978年12月，党的十一届三中全会召开，我国各项事业进入正常的发展轨道，劳动保险制度的重建工作也被提上了议事日程。1984年以后，我国的经济体制改革进入了以城市为重点、以搞活企业为中心的阶段。1987年11月5日，卫生部、劳动人事部、财政部、中华全国总工会颁布了《职业病范围和职业病患者处理办法的规定》。1988年，劳动部主持研究社会保险改革方案。1989年开始，各地先后开展工伤保险试点改革，并取得了初步成果。1991年4月9日，第七届全国人民代表大会第四次会议批准了《中华人民共和国国民经济和社会发展十年规划和第八个五年计划纲要》。1993年，党的十四届三中全会通过《中共中央关于建立社会主义市场经济体制若干问题的决定》。1995年,《中华人民共和国劳动法》施行,进一步明确了建立包括工伤保险在内的社会保障制度。1996年,劳动部颁布了《企业职工工伤保险试行办法》及《职工工伤与职业病致残程度鉴定》(GB/T 16180—1996)。

2003年4月,国务院颁布了《工伤保险条例》。2003年9月,劳动和社会保障部颁布了《工伤认定办法》《因工死亡职工供养亲属范围规定》《非法用工单位伤亡人员一次性赔偿办法》等一系列与《工伤保险条例》相配套的部门规章。2004年,《关于农民工参加工伤保险有关问题的通知》出台。2006年,《国务院关于解决农民工问题的若干意见》《关于实施农民工"平安计划"加快推进农民工参加工伤保险工作的通知》出台,要求用3年的时间,将建筑业、矿山等高风险行业的农民工纳入工伤保险制度中。2010年,国务院修订了《工伤保险条例》。2011年,《中华人民共和国社会保险法》施行并在2018年进行了修订。

(2)法律法规体系

近年来,工伤保险工作以贯彻落实《中华人民共和国社会保险法》和《工伤保险条例》为主线,完善政策,扩大覆盖面,提高保障能力和水平,各项工作取得明显进展。经过多年发展,工伤保险法律法规体系逐步完善,包括《中华人民共和国社会保险法》《中华人民共和国安全生产法》等法律;《工伤保险条例》等行政法规和地方性法规;《部分行业企业工伤保险费缴纳办法》等部门规章和地方政府规章;《劳动能力鉴定 职工工伤与职业病致残等级》(GB/T 16180—2014)等有关的标准或管理办法。

党的十八大以来,我国工伤保险事业成绩斐然。工伤保险制度覆盖范围进一步扩大，统筹层次进一步提高，逐步实现省级统筹，"三位一体"制度体系进一步健全，一张保障职工安全的"防护网"已经形成。近年来，我国不断完善工伤保险制度和职业伤害保障政策举措，开展工伤预防试点工作，建立工伤康复平台，探索新就业形态就业人员职业伤害保障制度，群众获得感进一步提升。

拓展阅读

回顾我国工伤保险的发展历程，从1951年出台《中华人民共和国劳动保险条例》到2003年出台《工伤保险条例》，工伤保险制度的建立和改革都与当时的社会经济发展状况紧密相连，尤其是与工业化的快速发展、职业安全事故风险上升、工伤与职业病问题的严重程度密切相关。总结我国工伤保险发展的历史经验，是为了更好地从我国国情出发，不断与时俱进，改革完善工伤保险制度，使之作为我国工业化、城镇化发展中"安全网"的功能得到有效发挥，促进实现健康中国的宏伟目标。

20. 工伤保险相关政策

近年来，我国出台了大量关于工伤保险的政策文件，旨在全面保障工伤职工的合法权益，为其提供必要的医疗和生活保障，同时注重工伤保险基金的可持续性和公平性。

为解决《工伤保险条例》实施过程中的若干问题，国务院及其相关部门出台了一些政策文件，如《关于实施〈工伤保险条例〉若干问题的意见》《人力资源和社会保障部关于执行〈工伤保险条例〉若干问题的意见》《人力资源社会保障部关于执行〈工伤保险条例〉若干问题的意见（二）》等。

（1）工伤保险参保

针对农民工、铁路企业、中央企业、事业单位、建筑业、各行业建筑项目、基层快递网点等参加工伤保险的问题，出台了相关政策文件，包括《关于农民工参加工伤保险有关问题的通知》《关于铁路企业参加工伤保险有关问题的通知》《关于贯彻〈安全生产许可证条例〉做好企业参加工伤保险有关工作的通知》《关于进一步做好中央企业工伤保险工作有关问题的通知》《关于进一步做好事业单位等参加工伤保险工作有关问题的通知》《人力资源社会保障部办公厅关于开展建筑业"同舟计划"——建筑业工伤保险专项扩面行动计划的通知》《人力资源社会保障部办公厅　国家邮政局办公室关于推进基层快递网点优先参加工伤保险工作的通知》等。

（2）工伤保险费率

针对降低社会保险费率、加强基金管理、落实《降低社会保险费率综合方案》、社会保险缴费、阶段性降低工伤保险费率等相关问题，出台了相关政策文件，包括《国务院办公厅关于印发降低社会保险费率综合方案的通知》《人力资源社会保障部　财政部关于调整工伤保险费率政策的通知》《人力资源社会保障部　财政部关于做好工伤保险费率调整工作　进一步加强基金管理的指导意见》《人力资源社会保障部　财政部　税务总局　国家医保局关于贯彻落实〈降低社会保险费率综合方案〉的通知》《人力资源社会保障部　财政部　税务总局关于阶段性减免企业社会保险费的通知》《人力资源社会保障部办公厅　国家税务总局办公厅关于特困行业阶段性实施缓缴企业社会保险费政策的通知》《人力资源社会保障部 财政部 国家税务总局关于阶段性降低失业保险、工伤保险费率有关问题的通知》等。

（3）基金统筹

针对推进工伤保险市级、省级统筹等相关问题，出台了相关政策文件，包括《关于推进工伤保险市级统筹有关问题的通知》《人力资源社会保障部办公厅关于加快推进工伤保险基金省级统筹工作的通知》等。

（4）工伤认定与劳动能力鉴定

针对工伤认定、劳动能力鉴定等相关问题，出台了相关政策文件，包括《关于印发〈职工非因工伤残或因病丧失劳动能力程度鉴定标准（试行）〉的通知》《人力资源和社会保障部办公厅关于工伤保险有关规定处理意见的函》《关于推进工伤认定和劳动能力鉴定便民化服务工作的通知》等。

（5）工伤保险待遇

针对老工伤人员纳入工伤保险、工伤保险待遇调整、尘肺病重点行业工伤保险、感染新型冠状病毒肺炎的相关工作人员的保障等相关问题，出台了相关政策文件，包括《人力资源和社会保障部关于做好老工伤人员纳入工伤保险统筹管理工作的通知》《人力资源社会保障部关于工伤保险待遇调整和确定机制的指导意见》《人力资源社会保障部 国家卫生健康委关于做好尘肺病重点行业工伤保险有关工作的通知》《人力资源社会保障部 财政部 国家卫生健康委关于因履行工作职责感染新型冠状病毒肺炎的医护及相关工作人员有关保障问题的通知》等。

（6）工伤康复

针对工伤保险辅助器具配置、设立区域性工伤康复示范平台等相关问题，出台了相关政策文件，包括《关于印发工伤保险辅助器具配置目录的通知》《人力资源社会保障部关于印发〈工伤康复服务项目（试行）〉和〈工伤康复服务规范（试行）〉（修订版）的通知》《人力资源社会保障部办公厅关于设立公布第一批区域性工伤康复示范平台名单有关问题的通知》等。

（7）工伤预防

针对工伤预防试点、工伤预防费使用管理、工伤预防行动计划、工伤预防能力提升等相关问题，出台了相关政策文件，包括《关于开展工伤预防试点有关问题的通知》《人力资源社会保障部关于进一步做好工伤预防试点工作的通知》《人力资源社会保障部　财政部　国家卫生计生委　国家安全监管总局关于印发工伤预防费使用管理暂行办法的通知》《人力资源社会保障部　工业和信息化部　财政部　住房城乡建设部　交通运输部　国家卫生健康委员会　应急部　中华全国总工会关于印发工伤预防五年行动计划（2021—2025）的通知》《人力资源社会保障部　应急管理部关于实施危险化学品企业工伤预防能力提升培训工程的通知》等。

（8）工伤保险经办

针对工伤保险医疗服务协议管理、社会保险费征收、取消部分规范性文件设定的证明材料、深入实施"人社服务快办行动"等相关问题，出台了相关政策文件，包括《关于加强工伤保险医疗服务协议管理工作的通知》《人力资源社会保障部办公厅关于贯彻落实国务院常务会议精神切实做好稳定社保费征收工作的紧急通知》《人力资源社会保障部关于取消部分规范性文件设定的证明材料的决定》《人力资源社会保障部关于深入实施"人社服务快办行动"的通知》等。

（9）监督管理

针对社会保险基金要情报告、加强工伤医疗管理服务、加强工伤保险基金管理等相关问题，出台了相关政策文件，包括《人力资源社会保障部关于印发社会保险基金要情报告制度的通知》《人力资源社会保障部关于进一步加强工伤医疗管理服务工作有关问题的通知》《人力资源社会保障部办公厅关于进一步加强工伤保险基金管理有关工作的通知》等。

21. 工伤保险相关法律

与工伤保险相关的法律有《中华人民共和国社会保险法》《中华

人民共和国职业病防治法》《中华人民共和国安全生产法》《中华人民共和国劳动合同法》《中华人民共和国劳动争议调解仲裁法》《中华人民共和国劳动法》《中华人民共和国工会法》等。

（1）《中华人民共和国社会保险法》

《中华人民共和国社会保险法》于2010年10月28日由第十一届全国人民代表大会常务委员会第十七次会议通过，自2011年7月1日起施行，根据2018年12月29日第十三届全国人民代表大会常务委员会第七次会议《关于修改〈中华人民共和国社会保险法〉的决定》修正。《中华人民共和国社会保险法》的立法宗旨是规范社会保险关系，维护公民参加社会保险和享受社会保险待遇的合法权益，使公民共享发展成果，促进社会和谐稳定。其主要内容包括总则、基本养老保险、基本医疗保险、工伤保险、失业保险、生育保险、社会保险费征缴、社会保险基金、社会保险经办等。

（2）《中华人民共和国职业病防治法》

《中华人民共和国职业病防治法》于2001年10月27日由第九届全国人民代表大会常务委员会第二十四次会议通过，自2002年5月1日起施行，根据2018年12月29日第十三届全国人民代表大会常务委员会第七次会议《关于修改〈中华人民共和国劳动法〉等七部法律的决定》第四次修正。《中华人民共和国职业病防治法》的立法宗旨是预防、控制和消除职业病危害，防治职业病，保护劳动者健康及其相关权益，促进经济社会发展。其主要内容包括总则、前期预防、劳动过程中的防护与管理、职业病诊断与职业病病人保障、监督检查、法律责任等。

（3）《中华人民共和国安全生产法》

《中华人民共和国安全生产法》于 2002 年 6 月 29 日由第九届全国人民代表大会常务委员会第二十八次会议通过，自 2002 年 11 月 1 日起施行，根据 2021 年 6 月 10 日第十三届全国人民代表大会常务委员会第二十九次会议《关于修改〈中华人民共和国安全生产法〉的决定》第三次修正。《中华人民共和国安全生产法》的立法宗旨是加强安全生产工作，防止和减少生产安全事故，保障人民群众生命和财产安全，促进经济社会持续健康发展。其主要内容包括总则、生产经营单位的安全生产保障、从业人员的安全生产权利义务、安全生产的监督管理、生产安全事故的应急救援与调查处理、法律责任等。

（4）《中华人民共和国劳动合同法》

《中华人民共和国劳动合同法》于 2007 年 6 月 29 日由第十届全国人民代表大会常务委员会第二十八次会议通过，自 2008 年 1 月 1 日起施行，根据 2012 年 12 月 28 日第十一届全国人民代表大会常务委员会第三十次会议《关于修改〈中华人民共和国劳动合同法〉的决定》修正。《中华人民共和国劳动合同法》的立法宗旨是完善劳动合同制度，明确劳动合同双方当事人的权利和义务，保护劳动者的合法权益，构建和发展和谐稳定的劳动关系。其主要内容包括总则、劳动合同的订立、劳动合同的履行和变更、劳动合同的解除和终止、特别规定、监督检查、法律责任等。

（5）《中华人民共和国劳动争议调解仲裁法》

《中华人民共和国劳动争议调解仲裁法》于 2007 年 12 月 29 日由第十届全国人民代表大会常务委员会第三十一次会议通过，自 2008 年 5 月 1 日起施行。《中华人民共和国劳动争议调解仲裁法》的立法宗旨是公正及时解决劳动争议，保护当事人合法权益，促进劳动关系和谐稳定。其主要内容包括总则、调解、仲裁、附则等。

（6）《中华人民共和国劳动法》

《中华人民共和国劳动法》于1994年7月5日由第八届全国人民代表大会常务委员会第八次会议通过，自1995年1月1日起施行，根据2018年12月29日第十三届全国人民代表大会常务委员会第七次会议《关于修改〈中华人民共和国劳动法〉等七部法律的决定》第二次修正。《中华人民共和国劳动法》的立法宗旨是保护劳动者的合法权益，调整劳动关系，建立和维护适应社会主义市场经济的劳动制度，促进经济发展和社会进步。其主要内容包括总则、促进就业、劳动合同和集体合同、工作时间和休息休假、工资、劳动安全卫生、女职工和未成年工特殊保护等。

（7）《中华人民共和国工会法》

《中华人民共和国工会法》于1992年4月3日由第七届全国人民代表大会第五次会议通过，自1992年4月3日起施行，根据2021年12月24日第十三届全国人民代表大会常务委员会第三十二次会议《关于修改〈中华人民共和国工会法〉的决定》第三次修正。《中华人民共和国工会法》的立法宗旨是保障工会在国家政治、经济和社会生活中的地位，确定工会的权利与义务，发挥工会在社会主义现代化建设事业中的作用。其主要内容包括总则、工会组织、工会的权利和义务、基层工会组织、工会的经费和财产、法律责任等。

 拓展阅读

工伤保险是伴随工业化的进程而产生并发展起来的，是工业

化社会的产物。1884年7月6日,世界上第一部工伤保险法在德国诞生。之后,西方主要工业化国家相继进行了本国工伤保险的立法。

22. 工伤保险相关法规

工伤保险相关法规有《工伤保险条例》《社会保险经办条例》《使用有毒物品作业场所劳动保护条例》《社会保险费征缴暂行条例》《劳动保障监察条例》等。

(1)《工伤保险条例》

《工伤保险条例》于2003年4月27日由中华人民共和国国务院令第375号公布,自2004年1月1日起施行,根据2010年12月20日《国务院关于修改〈工伤保险条例〉的决定》修订。《工伤保险条例》的立法宗旨是保障因工作遭受事故伤害或者患职业病的职工获得医疗救治和经济补偿,促进工伤预防和职业康复,分散用人单位的工伤风险。其主要内容包括总则、工伤保险基金、工伤认定、劳动能力鉴定、工伤保险待遇等。

(2)《社会保险经办条例》

《社会保险经办条例》于2023年8月16日由中华人民共和国国务院令第765号公布,自2023年12月1日起施行。《社会保险经办条例》的立法宗旨是规范社会保险经办,优化社会保险服务,保障社会保险基金安全,维护用人单位和个人的合法权益,促进社会公平。其主要内容包括总则、社会保险登记和关系转移、社会保险待遇核定和支付、社会保险经办服务和管理、社会保险经办监督等。

（3）《使用有毒物品作业场所劳动保护条例》

《使用有毒物品作业场所劳动保护条例》于 2002 年 5 月 12 日由中华人民共和国国务院令第 352 号公布，自 2002 年 5 月 12 日起施行，根据 2024 年 12 月 6 日《国务院关于修改和废止部分行政法规的决定》修订。《使用有毒物品作业场所劳动保护条例》的立法宗旨是保证作业场所安全使用有毒物品，预防、控制和消除职业中毒危害，保护劳动者的生命安全、身体健康及其相关权益。其主要内容包括总则、作业场所的预防措施、劳动过程的防护、职业健康监护、劳动者的权利与义务等。

（4）《社会保险费征缴暂行条例》

《社会保险费征缴暂行条例》于 1999 年 1 月 22 日由中华人民共和国国务院令第 259 号公布，自 1999 年 1 月 22 日起施行，根据 2019 年 3 月 24 日《国务院关于修改部分行政法规的决定》修订。《社会保险费征缴暂行条例》的立法宗旨是加强和规范社会保险费征缴工作，保障社会保险金的发放。其主要内容包括总则、征缴管理、监督检查等。

（5）《劳动保障监察条例》

《劳动保障监察条例》于 2004 年 11 月 1 日由中华人民共和国国务院令第 423 号公布，自 2004 年 12 月 1 日起施行。《劳动保障监察条例》的立法宗旨是贯彻实施劳动和社会保障法律、法规和规章，规范劳动保障监察工作，维护劳动者的合法权益。其主要内容包括总则、劳动保障监察职责、劳动保障监察的实施等。

23. 工伤保险相关规章制度

工伤保险相关规章制度有《部分行业企业工伤保险费缴纳办法》《职业病分类和目录》《工伤职工劳动能力鉴定管理办法》《因工死亡职工供养亲属范围规定》《非法用工单位伤亡人员一次性赔偿办法》《工伤认定办法》《社会保险基金先行支付暂行办法》《工伤保险辅助器具配置管理办法》《社会保险个人权益记录管理办法》《社会保险基金行政监督办法》等。

(1)《部分行业企业工伤保险费缴纳办法》

《部分行业企业工伤保险费缴纳办法》于 2010 年 12 月 31 日由中华人民共和国人力资源和社会保障部令第 10 号公布,自 2011 年 1 月 1 日起施行。制定《部分行业企业工伤保险费缴纳办法》的目的是针对难以按照工资总额缴纳工伤保险费的行业,规定其缴纳工伤保险费的具体办法。

(2)《职业病分类和目录》

2024年12月11日,根据《中华人民共和国职业病防治法》有关规定,国家卫生健康委员会、人力资源和社会保障部、国家疾病预防控制局、全国总工会联合组织对职业病的分类和目录进行了调整。调整后的《职业病分类和目录》自2025年8月1日起实施。《职业病分类和目录》将职业病分为12类,分别为职业性尘肺病及其他呼吸系统疾病、职业性皮肤病、职业性眼病、职业性耳鼻喉口腔疾病、职业性化学中毒、物理因素所致职业病、职业性放射性疾病、职业性传染病、职业性肿瘤、职业性肌肉骨骼疾病、职业性精神和行为障碍、其他职业病。

(3)《工伤职工劳动能力鉴定管理办法》

《工伤职工劳动能力鉴定管理办法》于2014年2月20日由中华人民共和国人力资源和社会保障部、国家卫生和计划生育委员会令第21号公布,自2014年4月1日起施行,根据2018年12月14日《人力资源社会保障部关于修改部分规章的决定》修订。制定《工伤职工劳动能力鉴定管理办法》是为了加强劳动能力鉴定管理,规范劳动能力鉴定程序。该办法主要内容包括总则、鉴定程序、监督管理等。2024年10月,人力资源和社会保障部拟对该办法进行修订,起草了《劳动能力鉴定管理办法(修订草案征求意见稿)》,向社会公开征求意见。

(4)《因工死亡职工供养亲属范围规定》

《因工死亡职工供养亲属范围规定》于2003年9月23日由中华人民共和国劳动和保障部令第18号公布,自2004年1月1日起施行。制定《因工死亡职工供养亲属范围规定》是为了明确因工死亡职工供养亲属范围。其中规定,因工死亡职工供养亲属是指该职工的配偶、子女、父母、祖父母、外祖父母、孙子女、外孙子女、兄弟姐妹。

（5）《非法用工单位伤亡人员一次性赔偿办法》

《非法用工单位伤亡人员一次性赔偿办法》于2010年12月31日由中华人民共和国人力资源和社会保障部令第9号公布，自2011年1月1日起施行。《非法用工单位伤亡人员一次性赔偿办法》规定，非法用工单位伤亡人员是指无营业执照或者未经依法登记、备案的单位以及被依法吊销营业执照或者撤销登记、备案的单位受到事故伤害或者患职业病的职工，或者用人单位使用童工造成的伤残、死亡童工。上述单位必须按照《非法用工单位伤亡人员一次性赔偿办法》向伤残职工或者死亡职工的近亲属、伤残童工或者死亡童工的近亲属给予一次性赔偿。

（6）《工伤认定办法》

《工伤认定办法》于2010年12月31日由中华人民共和国人力资源和社会保障部令第8号公布，自2011年1月1日起施行。制定《工伤认定办法》是为了规范工伤认定程序，依法进行工伤认定，维护当事人的合法权益。

（7）《社会保险基金先行支付暂行办法》

《社会保险基金先行支付暂行办法》于2011年6月29日由中华人民共和国人力资源和社会保障部令第15号公布，自2011年7月1日起施行，根据2018年12月14日《人力资源社会保障部关于修改部分规章的决定》修订。制定《社会保险基金先行支付暂行办法》是为了维护公民的社会保险合法权益，规范社会保险基金先行支付管理。

（8）《工伤保险辅助器具配置管理办法》

《工伤保险辅助器具配置管理办法》于2016年2月16日由中华人民共和国人力资源和社会保障部、民政部、国家卫生和计划生育委员会令第 27 号公布，自 2016 年 4 月 1 日起施行，根据 2018 年 12 月 14 日《人力资源社会保障部关于修改部分规章的决定》修订。制定《工伤保险辅助器具配置管理办法》是为了规范工伤保险辅助器具配置管理，维护工伤职工的合法权益。该办法主要内容包括总则、确认与配置程序、管理与监督等。

（9）《社会保险个人权益记录管理办法》

《社会保险个人权益记录管理办法》于 2011 年 6 月 29 日由中华人民共和国人力资源和社会保障部令第 14 号公布，自 2011 年 7 月 1 日起施行。制定《社会保险个人权益记录管理办法》是为了维护参保人员的合法权益，规范社会保险个人权益记录管理。该办法主要内容包括总则、采集和审核、保管和维护、查询和使用、保密和安全管理等。

（10）《社会保险基金行政监督办法》

《社会保险基金行政监督办法》于 2022 年 2 月 9 日由中华人民共和国人力资源和社会保障部令第 48 号公布，自 2022 年 3 月 18 日起施行。制定《社会保险基金行政监督办法》是为了保障社会保险基金安全，规范和加强社会保险基金行政监督。该办法主要内容包括总则、监督职责、监督权限、监督实施等。

> **拓展阅读**
>
> 工伤保险制度建立后，工伤保险成为国家对劳动者履行的社会责任，同时成为劳动者依法享受的基本权利。工伤保险使劳动者的政治、社会和经济地位得到一定程度的提高，同时也在一定程度上缓解了工伤造成的社会矛盾，避免了劳资双方对立，有利于经济社会稳定发展，成为社会文明进步的标志之一。

24. 工伤保险相关标准规范

针对工伤保险,我国制定了多项相关标准规范,如《劳动能力鉴定 职工工伤与职业病致残等级》(GB/T 16180—2014)、《职业病诊断通则》(GBZ/T 265—2014)、《个体防护装备配备规范 第1部分:总则》(GB 39800.1—2020)、《工伤保险经办服务规范》(LD/T 04—2021)、《社会保险网上经办服务指南》(LD/T 01—2020)、《企业职工伤亡事故经济损失统计标准》(GB 6721—1986)等。

(1)职业病防治的相关标准规范

1)《劳动能力鉴定 职工工伤与职业病致残等级》(GB/T 16180—2014)规定了职工工伤与职业病致残劳动能力鉴定原则和分级标准,适用于职工在职业活动中因工负伤和因职业病致残程度的鉴定。

2)《职业病诊断通则》(GBZ/T 265—2014)规定了职业病诊断的基本原则和通用要求,适用于指导国家公布的《职业病分类和目录》中职业病(包括开放性条款)的诊断,但不适用于职业性放射性疾病的诊断。

3)《个体防护装备配备规范 第1部分:总则》(GB 39800.1—2020)规定了个体防护装备(即劳动防护用品)配备的总体要求,包括配备原则、配备流程、作业场所危害因素的辨识和评估、个体防护装备的选择、追踪溯源、判废和更换、培训和使用等,适用于各用人单位个体防护装备的配备及管理,但不适用于各用人单位消防用个体防护装备的配备及管理。

(2)社会保险制度的相关标准规范

1)《工伤保险经办服务规范》(LD/T 04—2021)规定了工伤保险

经办服务中参保缴费服务、工伤预防服务、工伤认定和劳动能力鉴定、协议机构管理和费用结算、工伤医疗服务、工伤康复服务、工伤辅助器具配置服务、个人工伤待遇审核与支付服务、基金管理、权益记录与档案查询服务、服务质量评价,以及主要业务表单(资料性附录)等内容,适用于包括各级社会保险经办机构为用人单位和个人提供的工伤保险经办服务,社会保险行政部门、行业协会、大型企业等在工伤保险经办服务部分环节的行为。

2)《社会保险网上经办服务指南》(LD/T 01—2020)规定了社会保险网上经办服务的术语和定义、基本原则、网上服务内容、网上服务管理、服务质量评价与改进,适用于各级社会保险经办机构、人力资源和社会保障信息化综合管理机构及经授权(委托)的服务机构,提供社会保险网上经办服务。

(3)企业安全事故的相关重要标准规范

《企业职工伤亡事故经济损失统计标准》(GB 6721—1986)规定了企业职工伤亡事故经济损失的统计范围、计算方法和评价指标。

拓展阅读

初期工伤保险只覆盖了伤残事故的受害者,随着工业化进程的深入,所引发的各类职业病不断增加,职业病也被逐步纳入工伤保险范围。1906年,英国通过的《职业补偿法修正案》最早将职业病纳入了工伤保险补偿范围。如今,世界各国的工伤保险制度都已将职业病包括在内。

第4章 工伤预防管理概述

25. 工伤预防的地位和作用

（1）工伤预防的地位

从国际上看，有关国际组织向来重视工伤预防在工伤保险制度中的重要作用。国际劳工组织第 121 号公约《工伤事故与职业病津贴公约》要求，每个成员国必须把制定工业安全与职业病预防条款写入工伤保险法律法规中，要求实施工伤保险制度的国家，必须采取工伤预防的措施，将工伤预防作为政府的重要职责。

中华人民共和国成立以来，党和人民政府一贯重视工伤预防相关工作，发布了一系列法规、标准和文件，改善了劳动环境，促进了职业健康的发展。《中华人民共和国安全生产法》第三条明确提出，安全生产工作应当以人为本，坚持人民至上、生命至上，把保护人民生命安全摆在首位，树牢安全发展理念，坚持安全第一、预防为主、综合治理的方针，从源头上防范化解重大安全风险。《工伤保险条例》第一条即提出，制定该条例的目的是保障因工作遭受事故伤害或者患职业病的职工获得医疗救治和经济补偿，促进工伤预防和职业康复，分散用人单位的工伤风险。由此可见，"促进工伤预防"是其立法宗旨之一。《工伤保险条例》第四条规定，用人单位和职工应当遵守有关安全生产和职业病防治的法律法规，执行安全卫生规程和标准，预防工伤事故发生，避免和减少职业病危害。此外，《工伤保险条例》在2010年修订时明确规定，工伤预防的宣传、培训等费用可从工伤保险基金中列支，奠定了我国工伤保险制度的工伤预防功能的法律地位和制度基础，进一步表明我国政府对工伤预防工作的重视。

（2）工伤预防的作用

1）工伤预防可以从源头上降低工伤事故和职业病的发生，保障劳动者的安全健康。预防的要义，在于"事先防范"，防未发生的事故，防"未病之病"，防患于未然。工伤预防是企业安全生产工作的一项重要内容。企业要进行生产活动，就存在发生伤亡事故和职业病的可能。据多年统计，我国每年认定工伤和视同工伤人数有100万人左右，评定伤残等级人数有 50 万人左右，新患职业病的有 1 万人左右。减少工伤事故和职业病的发生，保障劳动者在生产过程中的安全健康，需要事先的预防工作。有关研究表明，现有的事故 80% 以上是可以通过安全生产管理与技术等手段避免的，这说明了工伤预防工作的迫切性和重要性。

2）工伤预防工作从根本上有利于企业发展，促进社会和谐稳定。近年来，我国因工伤事故和职业病所造成的危害已经引起社会各方面的广泛关注，随着工伤保险制度的改革，工伤预防工作将逐步加强。一方面，通过工伤预防，提高企业安全生产管理水平，消除事故隐患，减少和避免事故的发生，这样既保护了劳动者的生命安全与身体健康，也减少了事故发生给企业带来的损失，保证企业生产经营的顺利进行，有助于企业的良性发展，进而推动经济社会的发展进步；另一方面，企业工伤事故减少的同时，由工伤事故引发的劳资双方的争议也将大大减少，有利于建立和谐的劳动关系，促进社会的和谐稳定。

26. 工伤预防管理机制和经验

国际上，工伤保险制度发展较为成功的机制和经验表明，工伤预防、工伤补偿和工伤康复三者有机结合，是工伤保险发展的主流。大多数的工业化国家，已经开始把"控制损失"作为工伤保险的主要目标，很多国家已将工伤预防作为工伤保险的首要职责和主要内容。这些国家的立法实践、管理实践为其他国家提供了很好的借鉴经验。

（1）世界有关国家关于工伤预防的法律规定

德国被认为是工伤预防与工伤保险制度结合最好、最为成功的国家之一。德国为了确保职工的生命安全，制定了劳动保护法规，由政府部门对各行各业的安全生产、劳动保护、职工伤亡依法行使监察的职能，实行行业管理，由行业协会或同业公会制定本行业的技术标准规范，要求各企业认真贯彻执行。同时，这些技术标准规范也是法院判定企业是否正确遵守行业行为准则的法定依据。各企业依据这些技术标准规范制定各自的企业安全规章制度和操作规程。

法国在《关于就业伤亡的补偿》中，写入了伤亡事故预防与工伤保险补偿计划相联系的条款。法国的工伤保险基金由国家级、省级、地方级社会保险机构负责，与其他基金一同管理，每年提取7%～8%作为事故预防基金。此外，法国的社会保险机构还收取相当于工资收入1.5%的保险费（由雇主缴纳），再加上对不遵守职业安全规范的雇主的罚款，一同作为事故预防基金。

澳大利亚的社会保障法明确规定，建立事故保险基金的目的首先在于工伤预防，然后才是伤亡事故处理、职业康复和发放补偿金。澳大利亚的相关法律还规定，除了雇主外，私人保险机构也必须为事故预防提供资金。这保证了工伤预防资金来源的多渠道，对开展工伤预防工作十分有利。澳大利亚的许多保险机构都雇用检查员及安全调研员，为事故预防提供意见和建议。工伤保险机构还为企业提供咨询并组织安全教育工作。

加拿大的省级保险法要求，所有雇主必须在企业内建立安全委员会。加拿大哥伦比亚省工人赔偿委员会每年安排3.48%的事故预防费，用于安全宣传教育和管理。

（2）世界各地工伤预防的管理模式

工伤预防是一项综合性的工作，需要很多部门协同工作。一般来说，工伤预防从立法、执行、监察到提供预防服务，往往需要多个部门或机构的共同参与，协作实施。

在工伤预防的管理方面，国外工伤预防的管理模式大体分为三种。

1）工伤预防由政府或专门机构负责。例如，英联邦国家和东欧一些国家的工伤保险立法中没有工伤预防的内容，国家实施工伤保险并负责赔付，而工伤预防则由政府专设部门或者委托专门机构负责管理。

2）工伤保险和工伤预防由两个相关机构分别管理。例如，日本在厚生劳动省基准局下设了两个机构分别管理。

3）工伤保险和工伤预防由同一个机构负责管理。例如，德国同业公会在管理工伤保险的同时兼有预防、补偿和康复三项职能。

在工伤预防的工作机制方面，各国实践经验表明，工伤预防必须与本国国情相结合，必须将工伤预防与其他主体预防手段相结合。由于各国工伤保险制度的具体实施差异较大,因此并没有一套普遍适用的工伤保险预防机制,但一些基本的方法与手段可供借鉴。一般来说,大多数国家工伤预防机制主要由两部分组成:一部分是运用经济杠杆,如奖罚机制、费率机制等来实现事故预防;另一部分是建立专门的工伤预防基金和咨询机制,提供日常的生产风险防控措施等方面的咨询服务。

(3)世界主要发达国家工伤预防的措施与经验

工伤预防在全球范围内广泛开展,取得了较好的经济效益和社会效益。例如,作为工伤保险制度发源地的德国,是工伤预防、工伤补偿和工伤康复"三位一体"的工伤保险制度比较完善的国家。各国的工伤预防措施主要包括以下3个方面:

1)工伤保险与安全生产工作紧密结合。这种"紧密结合型"的代表国家是日本。日本的工伤保险和安全生产这两项工作统一由厚生劳动省基准局管理,并设立劳动福利事业团办理具体业务。劳动福利事业团向厚生劳动省提出计划,申请经费,独立经营,建立工伤保险医院、疗养院、康复中心等工伤福利机构;向中小型企业提供低息贷款,帮助其改善劳动条件;工伤保险工作做到了人、钱、事统一管理。

2)设立专门的工伤预防基金。关于设立专门的工伤预防基金制度方面,法国的做法比较有代表性。法国的社会保障机构建立专门的工伤预防基金和专职的安全监督员。基金主要用于为企业提供安全方面的咨询,提供安全技术和安全专家,监督安全条例的实施和工伤统计分析等工作;还用于资助职业安全与职业病预防研究所,研究所的主要职能是加强研究并发布有关的职业安全与卫生信息,并且培训事故预防专家。

3）通过工伤保险费率调节促进工伤预防。日本工伤保险费按行业差别划分，共分 8 大产业 53 个行业，最高费率为 14.8%，最低费率为 0.5%。此外，各行业都附加 0.1% 的通勤事故保险费率，行业之间差别费率达 25 倍。为促进工伤预防，行业差别费率每 3 年调整一次，根据企业的收支比例计算，上下浮动的幅度最高达 40%。

27. 工伤预防管理模式

工伤保险制度下的工伤预防管理，不仅体现在随着工伤保险覆盖面的扩大和统筹层次的提高而得以加强，还体现在工伤保险基金的收支等方面。从工伤保险基金方面来看，工伤预防管理主要有两类措施：一是费率机制的预防措施，即在收取工伤保险费时通过费率调节（对风险大、事故多的行业、企业提高费率，反之则降低费率）达到预防的目的，是工伤保险制度内在的预防功能；二是使用工伤保险基金采取工伤预防措施，这是从工伤保险基金中支出工伤预防费的预防手段，是工伤保险制度外在的预防功能。

目前，世界上工伤预防管理模式主要可以分为三类：第一类为独立型，即工伤保险机构自身单独管理和核算，从而使工伤预防管理模式相对独立，这种管理模式以意大利和德国为代表，在世界上为数不少；第二类为混合型，即由几个部门联合管理工伤预防，如英国和大多中欧、东欧国家，一般有两个相互独立的政府部门，一个主管职业安全（隶属劳动部），另一个主管职业卫生（隶属卫生部），两个部门同时存在；第三类为附属型，即工伤预防职能从属于国家的某个政府部门，这类部门主要负责劳动和卫生的管理，如日本、芬兰、荷兰和挪威。部分典型国家的工伤预防管理模式见表4-1。

表4-1　部分典型国家的工伤预防管理模式

国别	工作模式	基金来源	管理机构	主要职能
德国	赋予工伤保险预防职能	工伤保险基金提取5%	国家劳动安全检查机构、工伤保险同业公会	制定规章与规定，劳动保护检查和咨询服务，劳动医疗、安全教育培训、工伤与职业病预防方面的科研
法国	专门的事故预防基金	对不遵守职业安全的雇主罚款	国家受雇劳动者疾病保险基金会	提供安全方面的咨询，提供安全技术和安全专家，监督安全条例的实施，工伤统计分析
瑞士	工伤保险中专门从事预防的分支机构	对高风险和安全记录不良的企业专门征收	劳动社会保障部	为企业提供安全服务

28. 工伤预防管理措施

（1）扩大工伤保险覆盖面

工伤保险作为一种"保险"，大数法则是其重要的原则，即参加保险者必须为规模较大的人群，这样才能共同应对风险，才能较好地开展工伤预防等工作。从我国工伤保险发展历史可以看出，中华人民共和国成立以来，纵观我国在工伤保险领域的法律条文建立与废止过程，工伤保险制度的覆盖面逐渐扩大，这也是我国工伤预防工作不断深入开展的基础。

1951年,《中华人民共和国劳动保险条例》的实施,采取重点试行办法,俟实行有成绩,取得经验后,再行推广;1953年,修订后的《中华人民共和国劳动保险条例》在1951年版的基础上扩大了参加劳动保险(工伤保险)的企业的范围,采取逐步推广办法,当时的实施范围如下。

甲:有工人职员100人以上的国营、公私合营、私营及合作社经营的工厂、矿场及其附属单位;

乙:铁路、航运、邮电的各企业单位与附属单位;

丙:工、矿、交通事业的基本建设单位;

丁:国营建筑公司。

关于《中华人民共和国劳动保险条例》的实施范围继续推广办法由中央人民政府劳动部根据实际情况随时提出意见,报请中央人民政府政务院决定之。

此外,修订后的《中华人民共和国劳动保险条例》第三条规定,不实行《中华人民共和国劳动保险条例》的企业及季节性的企业,其有关劳动保险事项,得由各该企业或其所属产业或行业的行政方面或资方与工会组织,根据《中华人民共和国劳动保险条例》的原则及本企业、本产业或本行业的实际情况协商,订立集体合同规定之。第四条规定,凡在实行劳动保险的企业内工作的工人与职员(包括学徒),不分民族、年龄、性别和国籍,均适用《中华人民共和国劳动保险条例》,但被剥夺政治权利者除外。

1996年,《企业职工工伤保险试行办法》对工伤保险参保范围的规定为:中华人民共和国境内的企业及其职工必须遵照《企业职工工伤保险试行办法》的规定执行。

2004年,《工伤保险条例》对工伤保险参保范围的规定为：中华人民共和国境内的各类企业、有雇工的个体工商户（以下称用人单位）应当依照《工伤保险条例》规定参加工伤保险，为本单位全部职工或者雇工（以下称职工）缴纳工伤保险费。中华人民共和国境内的各类企业的职工和个体工商户的雇工，均有依照《工伤保险条例》的规定享受工伤保险待遇的权利。有雇工的个体工商户参加工伤保险的具体步骤和实施办法，由省、自治区、直辖市人民政府规定。

2011年,《国务院关于修改〈工伤保险条例〉的决定》对《工伤保险条例》进行修订，修订后对工伤保险参保范围的规定为：中华人民共和国境内的企业、事业单位、社会团体、民办非企业单位、基金会、律师事务所、会计师事务所等组织和有雇工的个体工商户（以下称用人单位）应当依照《工伤保险条例》规定参加工伤保险，为本单位全部职工或者雇工（以下称职工）缴纳工伤保险费。中华人民共和国境内的企业、事业单位、社会团体、民办非企业单位、基金会、律师事务所、会计师事务所等组织的职工和个体工商户的雇工，均有依照《工伤保险条例》的规定享受工伤保险待遇的权利。

由以上规定可以看出，我国工伤保险覆盖面在不断扩大，目前覆盖人数已超过3亿人，并将继续扩大。覆盖面扩大意味着工伤保险抵御风险的力量不断加强，功能逐渐完备。工伤预防作为工伤保险的一个重要功能，也在不断得到重视和加强。

（2）工伤保险费率调控

工伤保险费率是指工伤保险经办机构向用人单位征收的工伤保险费与工资总额的比率。目前，我国工伤保险费的征缴按照"以支定收、收支平衡"的原则,实行行业差别费率和行业内费率档次。

1)行业风险分类与费率浮动档次。人力资源和社会保障部、财政部下发的《关于调整工伤保险费率政策的通知》规定,按照《国民经济行业分类》(GB/T 4754)对行业的划分,根据不同行业的工伤风险程度,由低到高,依次将行业工伤风险类别划分为一类至八类。不同工伤风险类别的行业执行不同的工伤保险行业基准费率。各行业工伤风险类别对应的全国工伤保险行业基准费率为:一类至八类分别控制在该行业用人单位职工工资总额的0.2%、0.4%、0.7%、0.9%、1.1%、1.3%、1.6%、1.9%左右。通过费率浮动的办法确定每个行业内的费率档次:一类行业分为3个档次,即在基准费率的基础上,可向上浮动至120%、150%；二类至八类行业分为5个档次，即在基准费率的基础上，可分别向上浮动至120%、150%或向下浮动至80%、50%。

2）费率浮动调整机制。各统筹地区人力资源和社会保障部门会同财政部门，按照"以支定收、收支平衡"的原则，合理确定本地区工伤保险行业基准费率具体标准，并征求工会组织、用人单位代表的意见，报统筹地区人民政府批准后实施。基准费率的具体标准可根据统筹地区经济产业结构变动、工伤保险费使用等情况适时调整。统筹地区社会保险经办机构根据用人单位工伤保险费使用、工伤发生率、职业病危害程度等因素，确定其工伤保险费率，并可依据上述因素变化情况，每1~3年确定其在所属行业不同费率档次间是否浮动。对符合浮动条件的用人单位，每次可上下浮动1档或2档。统筹地区工伤保险最低费率不低于本地区一类风险行业基准费率。费率浮动的具体办法由统筹地区人力资源和社会保障部门商财政部门制定，并征求工会组织、用人单位代表的意见。各统筹地区确定的工伤保险行业基准费率具体标准、费率浮动具体办法，应报省级人力资源和社会保障部门、财政部门备案并接受指导。省级人力资源和社会保障部门、财政部门应每年将各统筹地区工伤保险行业基准费率标准确定和变化以及浮动费率实施情况汇总报人力资源和社会保障部、财政部。

《工伤预防五年行动计划（2021—2025年）》规定，各地要在依据行业工伤风险程度确定行业基准费率基础上，充分发挥浮动费率的激励和约束作用，促进用人单位主动做好工伤预防，减少工伤事故和职业病的发生。为更好评估用人单位工伤风险趋势，更全面考察用人单位风险管理效果，鼓励各地结合实际，以3年为一个周期进行费率浮动。

29. 工伤预防技术措施

在工业生产和建筑施工等领域，工伤事故的发生不仅会给作业人员带来身体和心理上的伤害，还会给企业带来经济损失并给社会带来不良影响。因此，采取有效的工伤预防技术措施是保障作业人员安全与社会稳定的重要举措。常见的工伤预防技术措施如下。

（1）电气事故伤害预防技术措施

采用绝缘、屏护和安全间距防止直接触电；采用保护接地和保护接零防止间接触电；使用相应等级的安全电压和漏电保护装置；合理使用防护用品，确保电气设备和工具完好无损等。

（2）机械伤害预防技术措施

对旋转部件安装防护罩，对危险部件装设保险装置；安装信号装置或警告牌进行警告或提醒；装设联锁装置防止因误操作引发事故；确保电气装置正确安装，电动机绝缘良好，开关按钮完好无损，无电气裸露部分等。

(3)焊接、切割伤害预防技术措施

焊接、切割时应选择合适的焊(割)炬,设置正确的氧气和乙炔压力与流量;防止回火现象,确保焊(割)炬阀门严密;焊补旧容器前应对容器进行清洗,打开所有孔盖,切断气源;高处或室内焊接、切割作业时防止火花落下或飞溅;禁止使用氧气调节空气,动火前需分析可燃物含量以确保安全;必要时采用机械通风降低可燃气体浓度,防止形成爆炸性混合气体等。

(4)火灾爆炸及危险化学品事故预防技术措施

作业过程中应防止形成燃爆介质,控制点火源;安装防火防爆安全装置;发生有毒有害气体泄漏时要设置警戒区,消除火源等。

(5)起重事故预防技术措施

起重机械应配备必要的安全装置,如超载限制器、力矩限制器;被吊物不得在空中长时间停留,特殊情况下应采取安全保护措施;起重作业应严格遵守"十不吊"原则等。

(6)建筑施工事故预防技术措施

进行高处作业时应佩戴安全帽、系安全带,与高压电线保持安全距离;进行洞口作业时应设置防护栏杆、加盖件、张设安全网或装栅门;进行砌筑作业时应搭设稳固的作业面,材料堆放要分散且不超高;进行涂装作业时应检查架子和高凳的牢固性,禁止在不稳定器物上搭设脚手架;进行高处作业的架子工应把好"十二道关",正确使用劳动防护用品;施工现场机动车驾驶员遵守"十慢""十不准""十不开"和"七好"原则等。

📖 **拓展阅读**

起重作业"十不吊"：超载或被吊物重量不清不吊；指挥信号不明确不吊；捆绑、吊挂不牢或不平衡可能引起被吊物滑动不吊；被吊物上有人或浮置物不吊；结构或零部件有影响安全的缺陷或损伤不吊；遇有拉力不清的埋置物件不吊；工作场地光线昏暗，无法看清场地、被吊物情况和指挥信号不吊；歪拉斜吊重物不吊；六级以上强风环境不吊；棱刃物与钢丝绳直接接触无保护措施不吊。

架子工"十二道关"：人员关、材质关、尺寸关、地基关、防护关、铺板关、稳定关、承重关、上下关、雷电关、挑别关、检验关。

"十慢"：起步慢、转弯慢、下坡慢、倒车慢、过桥慢、交会车慢、交叉路口慢、视线不良慢、雨雪路滑慢、挂有拖车慢。

"十不准"：不准超载、不准抢挡、不准高速行驶、不准酒后驾驶、开车时不准吃东西、开车不准与他人谈话、人货不准混装、视线不清不准倒车、不准非驾驶人员开车、行驶中不准跳上跳下。

"十不开"：车辆有"病"不开车、车门不关好不开车、人没坐稳不开车、货物没有装好不开车、踏脚板上站人不开车、翻斗不装好不开车、装运货物超高超长且没有安全措施不开车、违反安全标准装运危险品不开车、"三证"（驾驶证、行驶证、年检合格证）不全不开车、学员没有教练带领不开车。

"七好"：刹车好、灯光好、喇叭好、信号标志好、车辆保养好、规程规则遵守好、安全措施执行好。

第5章 工伤预防法律、法规及政策

30. 工伤预防现有法律、法规和政策体系

自20世纪90年代开展工伤保险改革试点以来，工伤预防工作逐步成为工伤保险的重要组成部分。从《中华人民共和国劳动法》确立了建设工伤保险制度的目标后，国家相继出台了有关法律、法规、规章和规范性文件，将工伤预防列为工伤保险的法定职责，并对工伤预防费的使用和管理作出了规范。这些关于工伤预防的规定，成为目前开展工伤预防工作的法律、法规和政策依据。工伤预防法律、法规和政策体系详见表5-1。

表5-1　工伤预防法律、法规和政策体系

名称	颁布时间	颁布单位
《中华人民共和国劳动法》	1994年7月5日通过 2009年8月27日第一次修正 2018年12月29日第二次修正	全国人民代表大会常务委员会
《企业职工工伤保险试行办法》	1996年10月1日试行 2004年1月1日失效	劳动部
《中华人民共和国职业病防治法》	2001年10月27日通过 2011年12月31日第一次修正 2016年7月2日第二次修正 2017年11月4日第三次修正 2018年12月29日第四次修正	全国人民代表大会常务委员会
《中华人民共和国安全生产法》	2002年6月29日通过 2009年8月27日第一次修正 2014年8月31日第二次修正 2021年6月10日第三次修正	全国人民代表大会常务委员会
《关于工伤保险费率问题的通知》	2003年10月29日发布 2015年10月1日失效	劳动和社会保障部
《工伤保险条例》	2003年4月27日公布 2010年12月20日修订	国务院
《中华人民共和国社会保险法》	2010年10月28日通过 2018年12月29日修正	全国人民代表大会常务委员会
《关于调整工伤保险费率政策的通知》	2015年10月1日实施	人力资源和社会保障部

续表

名称	颁布时间	颁布单位
《工伤预防费使用管理暂行办法》	2017年9月1日施行	人力资源和社会保障部、财政部、国家卫生和计划生育委员会、国家安全生产监督管理总局
《人力资源和社会保障部职能配置、内设机构和人员编制规定》	2018年12月31日施行	中央机构编制委员会

为了适应社会主义市场经济发展的需要，1994年颁布的《中华人民共和国劳动法》确定了将工伤保险作为五项社会保险制度之一，并在全国开展工伤保险改革试点工作。

2003年劳动和社会保障部印发的《关于工伤保险费率问题的通知》（现已失效）根据不同行业的工伤风险程度，将行业划分为3个类别，实行行业差别费率，并且分别确定了3个不同的工伤保险行业基准费率，其中对第二类别、第三类别的行业实行工伤保险费率浮动机制。

2010年修订的《工伤保险条例》，增加规定了工伤保险基金可用于工伤预防的宣传、培训等工作。工伤预防费用的提取比例、使用和管理的具体办法，由国务院社会保险行政部门会同国务院财政、卫生健康行政、应急管理等部门规定。

2015年人力资源和社会保障部、财政部印发的《关于调整工伤保险费率政策的通知》根据不同行业的工伤风险程度，将行业工伤风险类别划分为 8 个类别，实行行业差别费率，并且将一类行业分为 3 个档次，二类至八类行业分为 5 个档次，实行工伤保险费率浮动机制。

2020 年 12 月，为贯彻党的十九届五中全会精神，切实做好"十四五"时期工伤预防工作，人力资源和社会保障部会同工业和信息化部、财政部、住房和城乡建设部、交通运输部、国家卫生健康委员会、应急管理部和中华全国总工会印发了《工伤预防五年行动计划（2021—2025 年）》，提出了规划期工伤预防的总体要求、工作目标、主要任务和保障措施。

31.《中华人民共和国安全生产法》关于工伤预防的相关规定

《中华人民共和国安全生产法》（以下简称《安全生产法》）通过设置系统性条款，构建了全面的生产安全预防机制，涵盖生产经营单位安全生产责任、教育培训、隐患排查、设施配备管理等方面；明确了从业人员的监督权、拒绝违章指挥权和紧急情况下的撤离权；规定了事故报告的程序，以及对应急预案制定及演练的要求；对不履行责任者进行处罚，全方位保障人员安全健康，强化生产经营单位主体责任，为工伤预防提供法律保障。

（1）安全教育和培训

《安全生产法》第二十八条规定，生产经营单位应当对从业人员进行安全生产教育和培训，保证从业人员具备必要的安全生产知识，熟悉有关的安全生产规章制度和安全操作规程，掌握本岗位的安全操作技能，了解事故应急处理措施，知悉自身在安全生产方面的权利和义务。未经安全生产教育和培训合格的从业人员，不得上岗作业。

生产经营单位使用被派遣劳动者的，应当将被派遣劳动者纳入本单位从业人员统一管理，对被派遣劳动者进行岗位安全操作规程和安全操作技能的教育和培训。劳务派遣单位应当对被派遣劳动者进行必要的安全生产教育和培训。

生产经营单位接收中等职业学校、高等学校学生实习的，应当对实习学生进行相应的安全生产教育和培训，提供必要的劳动防护用品。学校应当协助生产经营单位对实习学生进行安全生产教育和培训。

生产经营单位应当建立安全生产教育和培训档案，如实记录安全生产教育和培训的时间、内容、参加人员以及考核结果等情况。

《安全生产法》第二十九条规定，生产经营单位采用新工艺、新技术、新材料或者使用新设备，必须了解、掌握其安全技术特性，采取有效的安全防护措施，并对从业人员进行专门的安全生产教育和培训。

（2）安全设施和劳动防护

《安全生产法》第三十八条规定，国家对严重危及生产安全的工艺、设备实行淘汰制度，具体目录由国务院应急管理部门会同国务院有关部门制定并公布。法律、行政法规对目录的制定另有规定的，适用其规定。

省、自治区、直辖市人民政府可以根据本地区实际情况制定并公布具体目录，对前款规定以外的危及生产安全的工艺、设备予以淘汰。

生产经营单位不得使用应当淘汰的危及生产安全的工艺、设备。

《安全生产法》第四十五条规定，生产经营单位必须为从业人员提供符合国家标准或者行业标准的劳动防护用品，并监督、教育从业人员按照使用规则佩戴、使用。

（3）安全责任与制度落实

《安全生产法》第二十一条规定，生产经营单位的主要负责人对本单位安全生产工作负有下列职责：

1）建立健全并落实本单位全员安全生产责任制，加强安全生产标准化建设；

2）组织制定并实施本单位安全生产规章制度和操作规程；

3）组织制订并实施本单位安全生产教育和培训计划；

4）保证本单位安全生产投入的有效实施；

5）组织建立并落实安全风险分级管控和隐患排查治理双重预防工作机制，督促、检查本单位的安全生产工作，及时消除生产安全事故隐患；

6）组织制定并实施本单位的生产安全事故应急救援预案；

7）及时、如实报告生产安全事故。

《安全生产法》第五十一条规定，生产经营单位必须依法参加工伤保险，为从业人员缴纳保险费。

国家鼓励生产经营单位投保安全生产责任保险；属于国家规定的高危行业、领域的生产经营单位，应当投保安全生产责任保险。具体范围和实施办法由国务院应急管理部门会同国务院财政部门、国务院保险监督管理机构和相关行业主管部门制定。

《安全生产法》第五十二条规定，生产经营单位与从业人员订立的劳动合同，应当载明有关保障从业人员劳动安全、防止职业危害的事项，以及依法为从业人员办理工伤保险的事项。

生产经营单位不得以任何形式与从业人员订立协议，免除或者减轻其对从业人员因生产安全事故伤亡依法应承担的责任。

（4）风险管控和隐患排查

《安全生产法》第四十一条规定，生产经营单位应当建立安全风险分级管控制度，按照安全风险分级采取相应的管控措施。

生产经营单位应当建立健全并落实生产安全事故隐患排查治理制度，采取技术、管理措施，及时发现并消除事故隐患。事故隐患排查治理情况应当如实记录，并通过职工大会或者职工代表大会、信息公示栏等方式向从业人员通报。其中，重大事故隐患排查治理情况应当及时向负有安全生产监督管理职责的部门和职工大会或者职工代表大会报告。

县级以上地方各级人民政府负有安全生产监督管理职责的部门应当将重大事故隐患纳入相关信息系统,建立健全重大事故隐患治理督办制度,督促生产经营单位消除重大事故隐患。

(5)从业人员权利保障

《安全生产法》第五十四条规定,从业人员有权对本单位安全生产工作中存在的问题提出批评、检举、控告;有权拒绝违章指挥和强令冒险作业。

生产经营单位不得因从业人员对本单位安全生产工作提出批评、检举、控告或者拒绝违章指挥、强令冒险作业而降低其工资、福利等待遇或者解除与其订立的劳动合同。

《安全生产法》第六十条规定,工会有权对建设项目的安全设施与主体工程同时设计、同时施工、同时投入生产和使用进行监督,提出意见。

工会对生产经营单位违反安全生产法律、法规,侵犯从业人员合法权益的行为,有权要求纠正;发现生产经营单位违章指挥、强令冒险作业或者发现事故隐患时,有权提出解决的建议,生产经营单位应当及时研究答复;发现危及从业人员生命安全的情况时,有权向生产经营单位建议组织从业人员撤离危险场所,生产经营单位必须立即作出处理。

工会有权依法参加事故调查,向有关部门提出处理意见,并要求追究有关人员的责任。

32.《中华人民共和国社会保险法》关于工伤预防的相关规定

《中华人民共和国社会保险法》(以下简称《社会保险法》)通过明确工伤保险参保、工伤保险待遇、工伤认定具体办法、工伤保险基金的监管以及用人单位责任等方面,全面构建了工伤预防的法律保障体系。社会保险经办机构和用人单位各自承担相应的责任,确保工伤预防措施能够有效落地,不仅提高了职工的安全保障水平,还为社会整体减轻了工伤事故带来的经济负担。

(1)工伤保险参保及工伤保险待遇

《社会保险法》第三十三条规定,职工应当参加工伤保险,由用人单位缴纳工伤保险费,职工不缴纳工伤保险费。

《社会保险法》第三十四条规定,国家根据不同行业的工伤风险程度确定行业的差别费率,并根据使用工伤保险基金、工伤发生率等情况在每个行业内确定费率档次。行业差别费率和行业内费率档次由国务院社会保险行政部门制定,报国务院批准后公布施行。

社会保险经办机构根据用人单位使用工伤保险基金、工伤发生率和所属行业费率档次等情况,确定用人单位缴费费率。

《社会保险法》第三十六条规定,职工因工作原因受到事故伤害或者患职业病,且经工伤认定的,享受工伤保险待遇;其中,经劳动能力鉴定丧失劳动能力的,享受伤残待遇。

工伤认定和劳动能力鉴定应当简捷、方便。

《社会保险法》第三十八条规定,因工伤发生的下列费用,按照国家规定从工伤保险基金中支付:

1)治疗工伤的医疗费用和康复费用;

2)住院伙食补助费;

3)到统筹地区以外就医的交通食宿费;

4)安装配置伤残辅助器具所需费用;

5)生活不能自理的,经劳动能力鉴定委员会确认的生活护理费;

6)一次性伤残补助金和一至四级伤残职工按月领取的伤残津贴;

7)终止或者解除劳动合同时,应当享受的一次性医疗补助金;

8)因工死亡的,其遗属领取的丧葬补助金、供养亲属抚恤金和因工死亡补助金;

9)劳动能力鉴定费。

《社会保险法》第三十九条规定,因工伤发生的下列费用,按照国家规定由用人单位支付:

1)治疗工伤期间的工资福利;

2)五级、六级伤残职工按月领取的伤残津贴;

3)终止或者解除劳动合同时,应当享受的一次性伤残就业补助金。

《社会保险法》第四十条规定,工伤职工符合领取基本养老金条件的,停发伤残津贴,享受基本养老保险待遇。基本养老保险待遇低于伤残津贴的,从工伤保险基金中补足差额。

(2)工伤认定及制度保障

《社会保险法》第三十七条规定,职工因下列情形之一导致本人在工作中伤亡的,不认定为工伤:

1)故意犯罪;

2)醉酒或者吸毒;

3）自残或者自杀；

4）法律、行政法规规定的其他情形。

《社会保险法》第四十一条规定，职工所在用人单位未依法缴纳工伤保险费，发生工伤事故的，由用人单位支付工伤保险待遇。用人单位不支付的，从工伤保险基金中先行支付。

从工伤保险基金中先行支付的工伤保险待遇应当由用人单位偿还。用人单位不偿还的，社会保险经办机构可以依法追偿。

33.《中华人民共和国劳动法》关于工伤预防的相关规定

《中华人民共和国劳动法》（以下简称《劳动法》）从劳动制度保障、工作条件及个人防护等方面，对工伤预防工作提出了严格要求，有助于从根本上减少工伤事故的发生，为劳动者的职业安全与健康提供有力的法律支持。

（1）劳动制度保障

《劳动法》第三十六条规定，国家实行劳动者每日工作时间不超过八小时、平均每周工作时间不超过四十四小时的工时制度。

《劳动法》第三十八条规定，用人单位应当保证劳动者每周至少休息一日。

《劳动法》第三十九条规定，企业因生产特点不能实行《劳动法》第三十六条、第三十八条规定的，经劳动行政部门批准，可以实行其他工作和休息办法。

《劳动法》第四十条规定，用人单位在下列节日期间应当依法安排劳动者休假：

1）元旦；

2）春节；

3）国际劳动节；

4）国庆节；

5）法律、法规规定的其他休假节日。

《劳动法》第四十一条规定，用人单位由于生产经营需要，经与工会和劳动者协商后可以延长工作时间，一般每日不得超过一小时；因特殊原因需要延长工作时间的，在保障劳动者身体健康的条件下延长工作时间每日不得超过三小时，但是每月不得超过三十六小时。

《劳动法》第五十二条规定，用人单位必须建立、健全劳动安全卫生制度，严格执行国家劳动安全卫生规程和标准，对劳动者进行劳动安全卫生教育，防止劳动过程中的事故，减少职业危害。

《劳动法》第五十七条规定，国家建立伤亡事故和职业病统计报告和处理制度。县级以上各级人民政府劳动行政部门、有关部门和用人单位应当依法对劳动者在劳动过程中发生的伤亡事故和劳动者的职业病状况，进行统计、报告和处理。

（2）工作条件及个人防护

《劳动法》第五十三条规定，劳动安全卫生设施必须符合国家规定的标准。

新建、改建、扩建工程的劳动安全卫生设施必须与主体工程同时设计、同时施工、同时投入生产和使用。

《劳动法》第五十四条规定，用人单位必须为劳动者提供符合国家规定的劳动安全卫生条件和必要的劳动防护用品，对从事有职业危害作业的劳动者应当定期进行健康检查。

《劳动法》第五十五条规定，从事特种作业的劳动者必须经过专门培训并取得特种作业资格。

34.《中华人民共和国工会法》关于工伤预防的相关规定

工会在工伤预防方面起到了不可忽视的作用，是国家对工伤事故预防管理体系的有力补充，通过工会的监督和管理，进一步推动了生产经营单位的安全管理，从根本上保障了劳动者的职业安全和健康。

《中华人民共和国工会法》（以下简称《工会法》）第六条规定，维护职工合法权益、竭诚服务职工群众是工会的基本职责。工会在维护全国人民总体利益的同时，代表和维护职工的合法权益。

工会通过平等协商和集体合同制度等，推动健全劳动关系协调机制，维护职工劳动权益，构建和谐劳动关系。

工会依照法律规定通过职工代表大会或者其他形式，组织职工参

与本单位的民主选举、民主协商、民主决策、民主管理和民主监督。

工会建立联系广泛、服务职工的工会工作体系,密切联系职工,听取和反映职工的意见和要求,关心职工的生活,帮助职工解决困难,全心全意为职工服务。

《工会法》第二十四条规定,工会依照国家规定对新建、扩建企业和技术改造工程中的劳动条件和安全卫生设施与主体工程同时设计、同时施工、同时投产使用进行监督。对工会提出的意见,企业或者主管部门应当认真处理,并将处理结果书面通知工会。

《工会法》第二十五条规定,工会发现企业违章指挥、强令工人冒险作业,或者生产过程中发现明显重大事故隐患和职业危害,有权提出解决的建议,企业应当及时研究答复;发现危及职工生命安全的情况时,工会有权向企业建议组织职工撤离危险现场,企业必须及时作出处理决定。

《工会法》第二十七条规定,职工因工伤亡事故和其他严重危害职工健康问题的调查处理,必须有工会参加。工会应当向有关部门提出处理意见,并有权要求追究直接负责的主管人员和有关责任人员的责任。对工会提出的意见,应当及时研究,给予答复。

35.《中华人民共和国职业病防治法》关于工伤预防的相关规定

职业病防治工作坚持预防为主、防治结合的方针,建立用人单位负责、行政机关监管、行业自律、职工参与和社会监督的机制,实行分类管理、综合治理。

(1)用人单位的责任与义务

《中华人民共和国职业病防治法》(以下简称《职业病防治法》)第五条规定,用人单位应当建立、健全职业病防治责任制,加强对职业病防治的管理,提高职业病防治水平,对本单位产生的职业病危害承担责任。

《职业病防治法》第六条规定,用人单位的主要负责人对本单位的职业病防治工作全面负责。

《职业病防治法》第七条规定,用人单位必须依法参加工伤保险。

国务院和县级以上地方人民政府劳动保障行政部门应当加强对工伤保险的监督管理,确保劳动者依法享受工伤保险待遇。

《职业病防治法》第十四条规定,用人单位应当依照法律、法规要求,严格遵守国家职业卫生标准,落实职业病预防措施,从源头上控制和消除职业病危害。

《职业病防治法》第十七条规定,新建、扩建、改建建设项目和技术改造、技术引进项目可能产生职业病危害的,建设单位在可行性论证阶段应当进行职业病危害预评价。

《职业病防治法》第二十条规定,用人单位应当采取下列职业病防治管理措施:

1)设置或者指定职业卫生管理机构或者组织,配备专职或者兼职的职业卫生管理人员,负责本单位的职业病防治工作;

2)制定职业病防治计划和实施方案;

3)建立、健全职业卫生管理制度和操作规程;

4)建立、健全职业卫生档案和劳动者健康监护档案;

5)建立、健全工作场所职业病危害因素监测及评价制度;

6）建立、健全职业病危害事故应急救援预案。

（2）劳动者的权利与义务

《职业病防治法》第四条规定，劳动者依法享有职业卫生保护的权利。

用人单位应当为劳动者创造符合国家职业卫生标准及卫生要求的工作环境和条件，并采取措施保障劳动者获得职业卫生保护。

工会组织依法对职业病防治工作进行监督，维护劳动者的合法权益。用人单位制定或者修改有关职业病防治的规章制度，应当听取工会组织的意见。

《职业病防治法》第三十九条规定，劳动者享有下列职业卫生保护权利：

1）获得职业卫生教育、培训；

2）获得职业健康检查、职业病诊疗、康复等职业病防治服务；

3）了解工作场所产生或者可能产生的职业病危害因素、危害后果

和应当采取的职业病防护措施；

4）要求用人单位提供符合防治职业病要求的职业病防护设施和个人使用的职业病防护用品，改善工作条件；

5）对违反职业病防治法律法规以及危及生命健康的行为提出批评、检举和控告；

6）拒绝违章指挥和强令进行没有职业病防护措施的作业；

7）参与用人单位职业卫生工作的民主管理，对职业病防治工作提出意见和建议。

（3）政府及相关部门的职责与建设

《职业病防治法》第九条规定，国家实行职业卫生监督制度。

国务院卫生行政部门、劳动保障行政部门依照《职业病防治法》和国务院确定的职责，负责全国职业病防治的监督管理工作。国务院有关部门在各自的职责范围内负责职业病防治的有关监督管理工作。

县级以上地方人民政府卫生行政部门、劳动保障行政部门依据各自职责，负责本行政区域内职业病防治的监督管理工作。县级以上地方人民政府有关部门在各自的职责范围内负责职业病防治的有关监督管理工作。

县级以上人民政府卫生行政部门、劳动保障行政部门（以下统称职业卫生监督管理部门）应当加强沟通，密切配合，按照各自职责分工，依法行使职权，承担责任。

《职业病防治法》第十条规定，国务院和县级以上地方人民政府应当制定职业病防治规划，将其纳入国民经济和社会发展计划，并组织实施。

县级以上地方人民政府统一负责、领导、组织、协调本行政区域的职业病防治工作，建立健全职业病防治工作体制、机制，统一领导、指挥职业卫生突发事件应对工作；加强职业病防治能力建设和服务体系建设，完善、落实职业病防治工作责任制。

《职业病防治法》第十一条规定，县级以上人民政府职业卫生监督管理部门应当加强对职业病防治的宣传教育，普及职业病防治的知识，增强用人单位的职业病防治观念，提高劳动者的职业健康意识、自我保护意识和行使职业卫生保护权利的能力。

《职业病防治法》第十二条规定，有关防治职业病的国家职业卫生标准，由国务院卫生行政部门组织制定并公布。

国务院卫生行政部门应当组织开展重点职业病监测和专项调查，对职业健康风险进行评估，为制定职业卫生标准和职业病防治政策提供科学依据。

县级以上地方人民政府卫生行政部门应当定期对本行政区域的职业病防治情况进行统计和调查分析。

36.《工伤保险条例》关于工伤预防的相关规定

《工伤保险条例》明确提出，促进工伤预防和职业康复，分散用人单位的工伤风险，这为工伤预防工作提供了坚实的法律基础。

（1）用人单位的工伤预防责任

《工伤保险条例》第四条规定，用人单位应当将参加工伤保险的有关情况在本单位内公示。

用人单位和职工应当遵守有关安全生产和职业病防治的法律法规，执行安全卫生规程和标准，预防工伤事故发生，避免和减少职业病危害。

职工发生工伤时，用人单位应当采取措施使工伤职工得到及时救治。

（2）工伤保险基金的相关规定

《工伤保险条例》第八条规定，工伤保险费根据以支定收、收支平衡的原则，确定费率。

国家根据不同行业的工伤风险程度确定行业的差别费率，并根据工伤保险费使用、工伤发生率等情况在每个行业内确定若干费率档次。行业差别费率及行业内费率档次由国务院社会保险行政部门制定，报国务院批准后公布施行。

《工伤保险条例》第十二条规定，工伤保险基金存入社会保障基金财政专户，用于规定的工伤保险待遇，劳动能力鉴定，工伤预防的宣传、培训等费用，以及法律、法规规定的用于工伤保险的其他费用的支付。

工伤预防费用的提取比例、使用和管理的具体办法，由国务院社会保险行政部门会同国务院财政、卫生行政、应急管理等部门规定。

任何单位或者个人不得将工伤保险基金用于投资运营、兴建或者改建办公场所、发放奖金，或者挪作其他用途。

37.《劳动保障监察条例》关于工伤预防的相关规定

据统计，每年我国工伤事故导致的伤亡人数众多，给无数家庭带来了巨大的悲痛，同时也给社会造成了沉重的经济负担。为了贯彻实施劳动和社会保障法律、法规和规章，规范劳动保障监察工作，维护劳动者的合法权益，根据《劳动法》和有关法律，制定《劳动保障监察条例》。

（1）用人单位的劳动保护责任

《劳动保障监察条例》第七条规定，各级工会依法维护劳动者的合法权益，对用人单位遵守劳动保障法律、法规和规章的情况进行监督。

劳动保障行政部门在劳动保障监察工作中应当注意听取工会组织的意见和建议。

《劳动保障监察条例》第十一条规定，劳动保障行政部门对下列事项实施劳动保障监察：

1）用人单位制定内部劳动保障规章制度的情况；

2）用人单位与劳动者订立劳动合同的情况；

3）用人单位遵守禁止使用童工规定的情况；

4）用人单位遵守女职工和未成年工特殊劳动保护规定的情况；

5）用人单位遵守工作时间和休息休假规定的情况；

6）用人单位支付劳动者工资和执行最低工资标准的情况；

7）用人单位参加各项社会保险和缴纳社会保险费的情况；

8）职业介绍机构、职业技能培训机构和职业技能考核鉴定机构遵守国家有关职业介绍、职业技能培训和职业技能考核鉴定的规定的情况；

9）法律、法规规定的其他劳动保障监察事项。

《劳动保障监察条例》第十四条规定，劳动保障监察以日常巡视检查、审查用人单位按照要求报送的书面材料以及接受举报投诉等形式进行。

劳动保障行政部门认为用人单位有违反劳动保障法律、法规或者规章的行为，需要进行调查处理的，应当及时立案。

（2）举报投诉机制

《劳动保障监察条例》第九条规定，任何组织或者个人对违反劳动保障法律、法规或者规章的行为，有权向劳动保障行政部门举报。

劳动者认为用人单位侵犯其劳动保障合法权益的，有权向劳动保障行政部门投诉。

劳动保障行政部门应当为举报人保密；对举报属实，为查处重大违反劳动保障法律、法规或者规章的行为提供主要线索和证据的举报人，给予奖励。

《劳动保障监察条例》第十二条规定，任何组织或者个人对劳动保障监察员的违法违纪行为，有权向劳动保障行政部门或者有关机关检举、控告。

（3）劳动保障监察的工作原则

《劳动保障监察条例》第八条规定，劳动保障监察遵循公正、公开、高效、便民的原则。实施劳动保障监察，坚持教育与处罚相结合，接受社会监督。

《劳动保障监察条例》第十二条规定，劳动保障监察员应当忠于职守，秉公执法，勤政廉洁，保守秘密。

《劳动保障监察条例》第十六条规定，劳动保障监察员办理的劳动保障监察事项与本人或者其近亲属有直接利害关系的，应当回避。

38.《工伤预防费使用管理暂行办法》主要规定

随着我国经济的快速发展和劳动用工形式的日益多样化，工伤问题越来越受到关注。为更好地坚持以人为本，保障职工的生命安全和健康，2017年8月，根据《工伤保险条例》规定，人力资源和社会保障部会同财政部、国家卫生和计划生育委员会、国家安全生产监督管理总局制定了《工伤预防费使用管理暂行办法》。

（1）制定目的

《工伤预防费使用管理暂行办法》第一条规定，为更好地保障职工的生命安全和健康，促进用人单位做好工伤预防工作，降低工伤事故伤害和职业病的发生率，规范工伤预防费的使用和管理，根据《社会保险法》《工伤保险条例》及相关规定，制定《工伤预防费使用管理暂行办法》。

（2）工伤预防费定义和管理

《工伤预防费使用管理暂行办法》第二条规定，工伤预防费是指统筹地区工伤保险基金中依法用于开展工伤预防工作的费用。

《工伤预防费使用管理暂行办法》第三条规定，工伤预防费使用管理工作由统筹地区人力资源和社会保障行政部门会同财政、卫生健康、应急管理行政部门按照各自职责做好相关工作。

（3）工伤预防费使用范围和比例

《工伤预防费使用管理暂行办法》第四条规定，工伤预防费用于下列项目的支出：工伤事故和职业病预防宣传；工伤事故和职业病预防培训。

《工伤预防费使用管理暂行办法》第五条规定，在保证工伤保险待遇支付能力和储备金留存的前提下，工伤预防费的使用原则上不得超过统筹地区上年度工伤保险基金征缴收入的3%。因工伤预防工作需要，经省级人力资源和社会保障部门与财政部门同意，可以适当提高工伤预防费的使用比例。

（4）工伤预防项目的确定、实施和验收

《工伤预防费使用管理暂行办法》第七条规定，统筹地区人力资源和社会保障部门应会同财政、卫生健康、应急管理部门以及本辖区内负有安全生产监督管理职责的部门，根据工伤事故伤害、职业病高发的行业、企业、工种、岗位等情况，统筹确定工伤预防的重点领域，并通过适当方式告知社会。

《工伤预防费使用管理暂行办法》第八条规定，统筹地区行业协会和大中型企业等社会组织根据本地区确定的工伤预防重点领域，于每年工伤保险基金预算编制前提出下一年拟开展的工伤预防项目，编制项目实施方案和绩效目标，向统筹地区的人力资源和社会保障行政部门申报。

《工伤预防费使用管理暂行办法》第九条规定，统筹地区人力资源和社会保障部门会同财政、卫生健康、应急管理等部门，根据项目申报情况，结合本地区工伤预防重点领域和工伤保险等工作重点，以及下一年工伤预防费预算编制情况，统筹考虑工伤预防项目的轻重缓急，于每年10月底前确定纳入下一年度的工伤预防项目并向社会公开。

《工伤预防费使用管理暂行办法》第十二条，对确定实施的工伤预防项目，统筹地区社会保险经办机构可以根据服务协议或者服务合同的约定，向具体实施工伤预防项目的组织支付30%～70%预付款。

项目实施过程中，提出项目的单位应及时跟踪项目实施进展情况，保证项目有效进行。

对于行业协会和大中型企业等社会组织直接实施的项目，由人力资源和社会保障部门组织第三方中介机构或聘请相关专家对项目实施情况和绩效目标实现情况进行评估验收，形成评估验收报告；对于委托第三方机构实施的，由提出项目的单位或部门通过适当方式组织评估验收，评估验收报告报人力资源和社会保障部门备案。评估验收报告作为开展下一年度项目重要依据。

评估验收合格后,由社会保险经办机构支付余款。具体程序按社会保险基金财务制度、工伤保险业务经办管理等规定执行。

(5)项目实施的责任

《工伤预防费使用管理暂行办法》第十条规定,纳入年度计划的工伤预防实施项目,原则上由提出项目的行业协会和大中型企业等社会组织负责组织实施。

行业协会和大中型企业等社会组织根据项目实际情况,可直接实施或委托第三方机构实施。直接实施的,应当与社会保险经办机构签订服务协议。委托第三方机构实施的,应当参照政府采购法和招投标法规定的程序,选择具备相应条件的社会、经济组织以及医疗卫生机构提供工伤预防服务,并与其签订服务合同,明确双方的权利义务。服务协议、服务合同应报统筹地区人力资源和社会保障部门备案。

面向社会和中小微企业的工伤预防项目,可由人力资源和社会保障、卫生健康、应急管理部门参照政府采购法等相关规定,从具备相应条件的社会、经济组织以及医疗卫生机构中选择提供工伤预防服务的机构,推动组织项目实施。

参照政府采购法实施的工伤预防项目,其费用低于采购限额标准的,可协议确定服务机构。具体办法由人力资源和社会保障部门会同有关部门确定。

(6)服务提供机构的条件

《工伤预防费使用管理暂行办法》第十一条规定,提供工伤预防服务的机构应遵守社会保险法、《工伤保险条例》以及相关法律法规的规定,并具备以下基本条件:

1)具备相应条件,且从事相关宣传、培训业务2年以上并具有良好市场信誉；

2）具备相应的实施工伤预防项目的专业人员；

3）有相应的硬件设施和技术手段；

4）依法应具备的其他条件。

（7）项目信息公开和监督

《工伤预防费使用管理暂行办法》第十三条规定，社会保险经办机构要定期向社会公布工伤预防项目实施情况和工伤预防费用使用情况，接受参保单位和社会各界的监督。

（8）违规处理

《工伤预防费使用管理暂行办法》第十四条规定，工伤预防费按本办法规定使用，违反本办法规定使用的，对相关责任人参照《社会保险法》《工伤保险条例》等法律法规的规定处理。

39.《工伤预防五年行动计划（2021—2025年）》整体规划

为贯彻落实党的十九届五中全会精神，切实做好"十四五"时期工伤预防工作，更好发挥工伤保险积极功能，人力资源和社会保障部、工业和信息化部、财政部、住房和城乡建设部、交通运输部、国家卫生健康委员会、应急管理部、中华全国总工会联合印发了《工伤预防五年行动计划（2021—2025年）》，部署"十四五"期间全国工伤预防工作。

（1）行动目标

1）工伤事故发生率明显下降，重点行业5年降低20%左右；

2）工作场所劳动条件不断改善,切实降低尘肺病等职业病的发生率;

3）工伤预防意识和能力明显提升,实现从"要我预防"到"我要预防""我会预防"的转变。

（2）主要任务

1）牢固树立预防优先的工作理念。深入学习贯彻习近平总书记关于"人民至上、生命至上"的重要指示精神,始终把人民群众生命安全和身体健康放在第一位,把减少事故伤害和职业病危害作为工伤预防的根本出发点和落脚点,从源头上防止工伤事故发生,切实保障劳动者的生命安全和身体健康。

2）建立完善工伤预防联防联控机制。各地人力资源和社会保障部门要与应急管理部门、卫生健康部门、工会和行业主管部门建立联席会议制度,明确职责分工,加强协调联动,加强联合检查,督促用人单位认真落实工伤预防主体责任。要建立完善信息交换、数据共享机制，实现人员信息、事故信息、职业病信息和涉及安全生产事故和职业病的工伤信息等相关数据共享，及时对各类安全隐患、工伤事故苗头性问题和职业病危害因素浓（强）度超标现象综合运用法律、行政、经济手段重点治理，提出限期整改建议。对未按规定落实主体责任、未及时整改的用人单位及其主要负责人，相关部门应依据安全生产法和职业病防治法严肃处理。对有代表性或典型性的工伤事故，相关部门要在全国范围内进行通报，努力避免类似事故重复发生。

3）瞄住盯紧工伤预防重点行业。各地要加强对工伤预防相关数据的分析，定期研究本地区工伤事故和职业病危害的现状及变化情况，研究确定工伤预防重点领域，依法确定重点项目。本期计划主要围绕工伤事故和职业病高发的危险化学品、矿山、建筑施工、交通运输、机械制造等重点行业企业开展。各地可结合实际明确本地区重点行业、重点领域。

4）全面加强工伤预防宣传。充分发挥主流媒体和新媒体作用，充分发挥各部门和有关行业企业的宣传作用，抓住重点时段、重要节点、重大事件开展有针对性宣传。要从关注关爱职工群众生命安全和职业健康的视角，运用影音视频、图标图解、典型案例、身边工伤事件等群众易于接受、感染力强的形式，宣传职业病防治、安全生产、交通事故防范、心脑血管疾病防治等方面的知识，不断提高职工群众的工伤预防意识和自我保护意识。鼓励工伤事故和职业病高发易发企业设立工伤预防警示教育基地。

5）深入推进工伤预防培训。实施重点行业重点企业工伤预防（安全生产、职业病防治）能力提升培训工程，重点培训重点行业重点企业分管负责人、安全管理部门主要负责人和一线班组长等重点岗位人员，2025年年底前实现上述人员培训全覆盖。技工院校要全面开设工伤预防课程，将安全生产、职业病防治与工伤预防的政策法规、安全生产事故与工伤事故防范知识、工伤事故与职业病警示教育等内容作为工伤预防培训必修内容。鼓励各地采取线上培训和线下培训相结合方式，更加注重发挥线上培训的作用。

6）科学进行工伤保险费率浮动。各地要在依据行业工伤风险程度确定行业基准费率基础上，充分发挥浮动费率的激励和约束作用，促进用人单位主动做好工伤预防，减少工伤事故和职业病的发生。为更好评估用人单位工伤风险趋势，更全面考察用人单位风险管理效果，鼓励各地结合实际，以3年为一个周期进行费率浮动。

7）大力开展互联网+工伤预防。充分发挥信息化、大数据、人工智能在工伤预防方面的作用，一体化推进工伤预防信息共享、在线培训、考核评估，普及工伤预防科学知识、宣传工伤预防政策、开展工伤预防线上培训、强化工伤事故警示教育。人力资源和社会保障部将建立基于云架构的工伤预防综合性平台，加强对工伤预防工作的指导和服务。各省级人力资源和社会保障部门可会同相关部门推荐资质合法、信誉良好、服务优质的在线培训平台，供地方有关部门、大中型企业等依法自主选用。

8）积极推进工伤预防专业化、职业化建设。支持有条件、有能力的第三方专业技术服务机构积极参与工伤预防工作，建立长效服务机制。鼓励有能力的大中型企业发挥示范作用，带领同行业中小微企业开展工伤预防工作。建立工伤预防专家库，遴选工伤预防、安全生产、职业卫生等方面的专家，负责工伤预防立项评审、宣传培训、问题诊断、措施制定、评估验收等专业技术相关工作。

9）切实加强对工伤预防工作的考核监督。将工伤预防工作开展情况纳入对省级政府安全生产目标责任考核内容，促进提高工伤预防工作的实效。加强对工伤预防项目事前、事中、事后全过程监管，按照项目进展安排全程检查、全程跟踪、全程问效。大力推广工伤预防先进典型、先进做法，营造工伤预防正能量。

40. 工伤预防试点工作意义与原则

全国工伤预防工作在试点城市的带动下，无论是工作模式还是实际效果，都取得了可喜的成绩。一个工伤预防、工伤补偿和工伤康复"三位一体"、相辅相成的工伤保险体系正在逐步形成。

（1）工伤预防试点工作的意义

做好扩大工伤预防试点工作，有利于从源头上减少工伤事故的发生，从根本上保障职工生命安全和身体健康，体现以人为本的执政理念；有利于增强用人单位和职工的守法维权意识，促进各项工伤保险政策及安全生产措施的落实；有利于进一步完善细化工伤预防项目的操作流程和管理规范，维护工伤保险基金安全，提高基金使用效率。

（2）工伤预防试点工作的原则

1）审慎稳妥，逐步推开。工伤预防工作政策性强，管理复杂，要按照审慎稳妥的原则先选择一些具备条件的城市（设区的市，以下简称试点城市）试点，待取得经验、条件成熟后再逐步推开。

2）政府主导，专业运作。在确定项目、编制方案、选择项目实施的组织等工作中，社会保险行政部门要发挥政府主导作用；项目的具体实施要由相应的社会、经济组织负责，实现项目的专业化运作，提高项目实施的质量和水平。

3）规范管理，确保安全。试点城市要严格按照《工伤保险条例》的规定和人力资源和社会保障部《关于进一步做好工伤预防试点工作的通知》要求，明确流程，规范管理，加强监督，确保基金使用安全。

41. 工伤预防试点城市及落实

为探索建立工伤预防的工作模式，完善工伤预防的相关政策，我国于2009—2010年开展了工伤预防试点工作。根据人力资源和社会保障部发布的《关于开展工伤预防试点有关问题的通知》，并结合河南省、广东省和海南省工伤预防工作实际，选择河南省郑州市、洛阳市、安阳市、三门峡市，广东省广州市、深圳市、珠海市、东莞市，以及海南省省本级、海口市、昌江县、儋州市作为工伤预防试点城市。2013年，人力资源和社会保障部发布了《关于进一步做好工伤预防试点工作的通知》，为进一步推动工伤预防工作的开展，决定在2009年初步试点的基础上，确认天津市、成都市等50个城市（统筹地区）为新的工伤预防试点城市。

第5章　工伤预防法律、法规及政策

（1）第一批工伤预防试点城市工作的目标和主要任务

1）试点目标。探索建立工伤预防的工作模式，完善工伤预防的相关政策，为在全国范围内开展工伤预防工作积累经验，探索建立我国工伤预防制度体系。

2）主要任务：

①规范工伤预防费的使用范围和项目。试点城市应根据本省法规政策对工伤预防费使用范围和项目的有关规定，结合本市的实际情况，有重点地选择其中某一项或几项内容，探索并规范工伤预防费的使用范围和项目。

②探索工伤预防费的合理提取比例。试点城市应根据本省有关的法规政策和当地工伤保险基金的规模、结余情况，考虑当地开展工伤预防工作的实际需要，探索确定工伤预防费合理提取比例。

③规范工伤预防费管理使用程序。试点城市应结合工伤预防费的使用范围，制定和完善工伤预防费的管理使用规程，建立起从编制工

伤预防使用预算、提取工伤预防费到工伤预防费具体支出等各个环节的使用管理办法,进一步规范工伤预防费的管理使用规程。

④探索建立工伤预防费的管理监督机制。试点城市应按照社会保险基金管理等有关规定,制定监督办法,加强对工伤预防费使用的监督,定期披露工伤预防费的使用情况,探索建立工伤预防费的风险防范机制,确保基金的安全使用。

⑤探索建立部门间协调工作机制。工伤预防工作涉及财政、应急管理、卫生健康和工会等有关部门,试点城市应加强与相关部门的协调和配合,在试点工作中发挥各部门的优势和特点,探索建立工伤预防的部门协调制度。

(2)第二批工伤预防试点城市工作的目标和扩充内容

1)试点目标。探索建立科学、规范的工伤预防工作模式,为在全国范围内开展工伤预防工作积累经验,完善我国工伤预防制度体系。

2)扩充内容:

①预防费使用比例。试点城市在保证工伤保险待遇支付和储备金留存的前提下,用于工伤预防的费用控制在本统筹地区上年度工伤保险基金征缴收入的2%左右。

②预防费使用项目。工伤预防费主要用于开展工伤预防的宣传、培训以及法律、法规规定的其他工伤预防项目。

③项目实施流程。项目确定:试点城市社会保险行政部门会同社会保险经办机构,根据工伤发生情况和工伤保险工作需要,确定下一年度工伤预防的具体实施项目,编制项目实施方案。

项目的组织实施:试点城市社会保险行政部门应参照政府采购法

规定的程序，从具备相应资质的社会、经济组织中选择提供具体服务的组织；社会保险经办机构受社会保险行政部门委托与选定的组织签订合同，明确双方的权利和义务。

实施项目的社会、经济组织应具备的基本条件：一是依法登记注册，从事相关宣传、培训业务 3 年以上并具有良好市场信誉；二是有足够数量的可承担实施工伤预防宣传、培训项目任务的专业人员；三是有相应的硬件设施和技术手段；四是具备相应的资质；五是依法应具备的其他条件。

项目验收：项目完成，由社会保险行政部门组织验收。

④费用支付。实行预算管理：试点城市在编制工伤保险基金预算时，按照确定的工伤预防具体实施项目和上年度预算执行情况，将工伤预防费列入下一年度工伤保险基金预算。

支付程序：合同签订后先支付一定比例或数额的预付款；项目完成，经验收合格后，再支付余款。

⑤加强监督。试点城市社会保险经办机构应按照合同规定，加强对提供服务的组织开展的宣传、培训等活动的监督，确保合同的规定落到实处；定期向社会公布工伤预防项目的实施情况和工伤预防费的使用情况，接受参保单位和社会各界的监督。

⑥探索建立绩效评估机制。试点城市应积极探索工伤预防费使用的绩效评估办法，提高预防费的使用效率。

第6章 重点行业领域工伤预防管理规定

42. 尘肺病重点行业工伤预防管理规定

尘肺病是长期吸入大量细微粉尘而引起的以肺组织纤维化为主的职业病,包括煤工尘肺、矽肺和石棉肺等主要病种,其致病因素分别为煤尘、游离二氧化硅粉尘和石棉粉尘等。尘肺病是一种严重的职业病,需要通过综合措施进行预防和控制。人力资源和社会保障部与国家卫生健康委员会在2019年发布的《关于做好尘肺病重点行业工伤保险有关工作的通知》指出,要大力推进尘肺病重点行业和企业参加工伤保险,依法落实已参保尘肺病工伤职工的工伤保险待遇。要按照预防为主、防治结合的方针,有效加强职业性尘肺病预防控制,切实保障劳动者职业健康权益。

(1) 尘肺病重点行业工伤保险扩面

依据卫生健康系统粉尘危害基础数据库信息,重点关注煤矿、非煤矿山、冶金、建材等尘肺病重点行业,原则上做到应保尽保。各地卫生健康部门应向人力资源和社会保障部门提供粉尘危害基础数据库信息,特别是尘肺病重点行业的企业数、企业名称、地址、经营范围、法人代表、职工人数、职工个人身份信息及其工作岗位等信息的更新情况。各地人力资源和社会保障部门要根据卫生健康部门粉尘危害基础数据库信息数据情况,有针对性地制定扩面专项行动工作计划,加大扩面工作实施力度,将尘肺病重点行业职工依法纳入工伤保险保障范围。

(2) 尘肺病重点行业工伤预防

在煤矿、非煤矿山、冶金、建材等尘肺病重点行业开展的工伤预防专项行动,有效降低了工伤发生率。各地人力资源和社会保障部门应积极会同卫生健康等部门,按照《工伤预防费使用管理暂行办法》的规定和程序要求,结合本地区尘肺病重点行业分布的实际情况,将相关尘肺病重点行业列入本地区的年度工伤预防重点领域,合理确定本地区涉及尘肺病重点企业工伤预防项目，并切实做好项目的组织实施、绩效评估和验收等工作。粉尘危害高发企业要依法承担起尘肺病预防的主体责任，切实做好粉尘危害预防控制、组织劳动者进行职业健康检查以及尘肺病预防宣传和培训等工作。

（3）提升尘肺病工伤职工待遇保障能力和水平

各地要全面落实《职业病防治法》和《工伤保险条例》等法律法规的规定，做好职业性尘肺病人诊断和相关待遇保障工作。职业病诊断机构应严格依据相关法律法规和规章规定，对符合职业性尘肺病相关诊断标准的，及时作出职业性尘肺病诊断。对已诊断且明确参加了工伤保险的职业性尘肺病工伤职工，社会保险经办机构要按规定及时支付工伤保险待遇。要加强尘肺病工伤职工的医疗救治工作，切实将工伤保险药品目录中尘肺病用药充分用于尘肺病工伤职工的治疗，及时将符合工伤医疗诊疗规范的尘肺病治疗技术和手段纳入工伤保险基金支付范围。要加强对尘肺病工伤职工的管理服务工作，为尘肺病工伤职工依法申请工伤保险待遇提供方便快捷的支持。要认真落实好工伤保险待遇定期调整的工作机制，切实做好尘肺病工伤职工权益保障工作。

43. 煤矿行业工伤预防管理规定

为做好煤矿行业工伤预防工作，加强安全生产监督管理，防止和减少生产安全事故，切实保障煤矿行业职工的生命安全和健康，按照《安全生产法》《工伤保险条例》和《安全生产许可证条例》的规定，煤矿行业应高度重视安全生产工作，依法参加工伤保险，按时、足额为所有职工缴纳工伤保险费。《关于做好煤矿企业参加工伤保险有关工作的通知》对煤矿行业工伤预防工作提出如下要求。

（1）各级人力资源和社会保障部门、应急管理部门和煤矿安全监察机构要充分认识煤矿企业参加工伤保险与国家建立和实行安全生产许可制度的重要性，加强配合协作，加快推进煤矿企业参加工伤保险工作进度，提高办理安全生产许可证的工作效率。

（2）要把安全生产行政许可工作和工伤保险工作结合起来，共同推进。以煤矿等行业实施安全生产许可制度为契机，加大《工伤保险条例》的宣传贯彻力度。

（3）在为煤矿企业办理工伤保险的过程中，必须严格按照《工伤保险条例》的规定和《关于农民工参加工伤保险有关问题的通知》精神办理。

（4）各地人力资源和社会保障部门、应急管理部门和煤矿安全监察机构要加强监督检查，对不认真执行《工伤保险条例》的，要及时予以纠正。

44. 机械制造行业工伤预防培训管理规定

人力资源和社会保障部办公厅、国家卫生健康委员会办公厅、应急管理部办公厅、国家铁路局综合司、国家矿山安全监察局综合司联合印发的《关于实施矿山、机械制造、铁路运输、铁路建设施工等行业重点企业工伤预防能力提升培训工程的通知》中，部署了机械制造等行业重点企业工伤预防能力提升培训工程，提升相关领域从业人员工伤预防意识和能力，从源头上预防和减少工伤事故发生。

（1）培训对象

将机械制造等重点企业安全生产与职业健康分管负责人，专职安全、职业健康管理人员和班组长（含车间主任、车队长，下同）作为重点培训对象（以下简称三类人员），2025年底前基本实现培训全覆盖。根据工伤预防费情况，重点保障一线相关人员培训，可适当扩大或缩小培训人员范围。

（2）培训内容

重点学习贯彻习近平总书记关于安全生产、健康中国的重要论述精神，重点培训安全生产、工伤预防与职业病防治的政策法规、生产安全事故与工伤事故防范以及职业病预防知识、工伤事故与职业病警示教育等内容。可根据不同类型重点企业和三类人员特点分类开展针对性培训，具体内容由当地行业主（监）管部门会同人力资源社会保障、卫生健康行政部门确定。

（3）培训方式

采取线上学习与线下培训相结合的方式。线上学习一般以安全生产、职业健康和工伤保障法规标准以及工伤预防基础知识等通识性内容为主；线下培训一般以行业专业性、岗位特殊性内容为主，包括实践操作和互动研讨等内容。安全生产与职业健康分管负责人线下培训原则上实行不超过40人的小班互动教学，专职安全、职业健康管理人员和班组长线下培训班一般不超过80人。

（4）培训时长

各地应根据培训人员、内容、工伤预防费等情况，结合安全生产培训有关规定，科学确定机械制造等重点企业三类人员培训时长和线上线下分布。安全生产与职业健康分管负责人和专职安全、职业健康管理人员应当培训12～48学时，一线班组长应当培训20～72学时。三类人员线下培训时长原则上均不得低于总培训时长的60%，班组长实训类课程不少于总培训时长的1/4。

（5）培训机构

机械制造等重点企业工伤预防培训任务可由已建立内部培训机构和专兼职师资队伍的大中型重点企业承担，也可由符合条件的行业协会、专业培训机构等承担，优先选择在技术、设施、师资、课程、管理等方面更有优势的企业或培训机构。行业中具有优势地位的大中型企业要发挥示范带动作用，积极开展工伤预防培训，鼓励为有需求的重点中小企业提供培训师资、场地或设备。鼓励大中型重点企业、专业培训机构开展工伤预防培训实践研究，增强培训科学性、有效性。鼓励大中型企业一线安全从业人员用身边人身边事开展工伤预防教育，把工伤预防融入企业生产岗位一线，在车间、工地、厂区开展员工、班组长、安全健康管理从业人员工伤预防宣讲活动。

45. 交通运输建设行业工伤预防管理规定

2014年12月，经国务院批准，人力资源和社会保障部等多个部门制定印发了《关于进一步做好建筑业工伤保险工作的意见》，作出了"工伤优先、项目参保、概算提取、一次参保、全员覆盖"的制度安排，并明确交通运输、铁路、水利等相关行业参照执行。部分地区结合实际一并推动交通运输、铁路、水利等相关行业工程建设项目参加工伤保险工作，取得了一定成效，为全面推开创造了条件。为加大力度将在各类工程建设项目中流动就业的农民工纳入工伤保险保障，2018年1月，人力资源和社会保障部等多个部门联合印发了《关于铁路、公路、水运、水利、能源、机场工程建设项目参加工伤保险工作的通知》，对交通运输工程建设项目参加工伤保险工作提出了进一步的要求。

（1）切实增强做好工作的责任感和紧迫感

各地要在进一步健全住建领域工程建设项目按项目参加工伤保险长效工作机制的同时，进一步增强责任感和紧迫感，全面启动交通运输等行业工程建设项目参加工伤保险工作，结合行业用工特点，做好参保办法、办理流程、保障服务等具体制度安排，确保在各类工地上流动就业的农民工依法享有工伤保险保障。

（2）推进形成更高水平更高效率的部门协作机制

按项目参加工伤保险工作涉及多部门职责，必须协调联动，合力推进。各地要在现有工作基础上,扩大协作范围,丰富协作内容,针对交通运输等行业工程建设项目施工管理、用工管理的特点,设计高效、便捷、管用的管理服务流程和参保约束机制,切实做到"先参保,再开工"。

(3)依法合理确定缴费比例

建筑施工企业相对固定的职工,应按用人单位参加工伤保险。不能按用人单位参加工伤保险的职工特别是短期雇用的农民工,应按项目优先参加工伤保险,一般应由施工项目总承包单位或项目标段合同承建单位按照劳动雇佣关系一次性代缴本项目工伤保险费,覆盖项目使用的所有职工,包括专业承包单位、劳务分包单位使用的农民工。各类工程建设项目可以项目或标段为单位,按照项目或标段的建筑安装工程费(或工程合同价)的一定比例参保缴费。对人工成本占比较低的工程建设项目,可按照人工成本乘以工伤保险行业基准费率的方式计算工伤保险费。对于难以确定直接人工成本的工程建设项目,可参照本地区社会平均工资确定缴费基数。各统筹地区要按照"以支定收、收支平衡"原则,根据当地工伤保险基金的运行情况,科学合理确定费率。同时,注重发挥浮动费率作用,低保费起步,逐步实现收支平衡。

(4)进一步加强督查和定期通报工作

从2017年起,人力资源和社会保障部已将新开工项目参保率纳入人力资源和社会保障事业发展指标体系,定期分省通报调度。各地人力资源和社会保障部门要以此为契机,会同有关部门进一步强化督查措施,提高数据的可靠性和可应用性。要在全面启动交通运输等行业工程建设项目参加工伤保险工作的同时,将同口径数据纳入通报调度安排，并作为督查重点。

（5）着力提高经办服务质量和管理水平

按项目参加工伤保险是适应流动用工特点作出的政策创新。各地人力资源和社会保障部门要为参保工程建设项目及标段和工伤职工提供更加优质便捷的人性化服务，积极探索优化适合按项目参加工伤保险的登记、缴费、认定、劳动能力鉴定、待遇支付等服务流程，开辟绿色通道、专门窗口等，提供一站式服务。要最大限度缩短参加工伤保险工作流程、简化手续，力争实现施工企业办理参保缴费备案当日办结，避免因办理项目参加工伤保险而影响工程开工进度。

46. 建筑业工伤预防管理规定

建筑业属于工伤风险较高的行业，又是农民工集中的行业。为维护建筑业职工特别是农民工的工伤保障权益，国家先后出台了一系列法律法规和政策，各地区、各有关部门积极采取措施，加强建筑施工安全生产制度建设和监督检查，大力推进建筑施工企业依法参加工伤保险，使建筑业工伤预防工作不断得到加强。2014年，人力资源和社会保障部等多部门联合下发了《关于进一步做好建筑业工伤保险工作的意见》；2015年，人力资源和社会保障部结合全民参保登记计划，组织实施了"同舟计划"——建筑业工伤保险专项扩面行动；2016年，人力资源和社会保障部办公厅发布了《关于加快推进建筑业工伤保险工作的通知》，对建筑业工伤保险与工伤预防工作提出了新的要求。

（1）进一步发挥好人力资源和社会保障部门的牵头作用

深入推进建筑业工伤保险工作需要多部门联动，人力资源和社会保障部门作为社会保险行政管理部门，必须将这项工作作为当前工伤保险扩面的首要任务，牵头推进工作落实。各级人力资源和社会保障部门主要负责同志，尤其是分管工伤保险工作的负责同志要亲自做好相关协调工作和任务安排，既要争取党委、政府分管领导的支持，更要协调相关部门建立良好的沟通合作机制。要重点加强对地市一级工作落实的督导，对工作进展慢，特别是仍存在部门配合不畅问题的地市，要协调当地党委、政府分管领导牵头推进落实。

(2)进一步形成推进工作的合力

要进一步与住房和城乡建设、应急管理、工会等部门密切合作,整合各自的职能优势,建立畅通高效的长效协调机制,进一步形成工作合力。积极协调各相关部门发挥对建筑企业管理的职能优势,落实将工伤保险参保证明作为保证工程安全施工的具体措施之一,安全施工措施未落实的项目不予核发施工许可证和安全生产许可证,及时将建筑项目施工许可等信息予以公开,逐步完善信息共享机制,共同推动建筑业工伤保险工作;对不需要核发施工许可证的建筑项目,各地劳动保障监察、社会保险经办机构要积极发挥管理监督职能,督促建筑企业参加工伤保险,实行早期介入,共同做到建筑业参保扩面"无死角"。

(3)进一步简化参保手续

适应按项目参保特点,最大限度缩短流程、简化手续,力争实现施工企业办理参保缴费备案当日办结,避免因办理项目参保而拖延施工许可证的申领,影响工程开工进度。有条件的地区,可以将建筑项目参保事项纳入政府行政审批大厅办理,或协调住房和城乡建设部门,在统筹地区住房和城乡建设部门行政办事场所设立工伤保险参保经办窗口,也可委托住房和城乡建设部门办理参保核定手续并开具缴费通知单,方便施工企业在办理施工许可等行政审批手续时"一站式"办结参保手续。

(4)开设工伤认定和待遇支付绿色通道

适应建筑施工企业职工流动性大的特点,对于在工地内发生、事实清楚、当事双方无争议的案件实行"快认快结",一般应当在10日内作出工伤认定的决定,可以开辟绿色通道,尽可能缩短劳动能力鉴定等待时限和待遇支付时限。有条件的地区对工伤认定后仍在医疗救治期间的职工特别是伤情较重人员，及时办理医疗费用联网实时结算手续，减轻施工企业和工伤职工的医疗费垫付压力。

（5）完善按项目参保统计工作

建筑业按项目参加工伤保险，参保人数的统计有一定的复杂性。为适应建筑业按项目参保统计要求，各地在按照有关要求统计参保人数的同时，应根据开工项目数、在建项目数、参保项目数统计项目参保率。

（6）创新信息化服务水平

各地要按照有关要求，扩充社会保险管理信息系统相关功能，支持建筑业按项目参加工伤保险，实现工伤保险参保登记、缴费、工伤认定、劳动能力鉴定等业务办理的全流程信息化。按照有关要求，推进社会保障卡在建筑业工伤保险领域应用。加快推进全民参保计划的实施，建立完善全民参保登记数据库，通过信息比对、入户调查、资源共享、动态更新等措施，支持和促进按项目参保的人员管理。建立与住房和城乡建设、应急管理、工会等部门的信息交换机制，畅通信息共享渠道，共享项目用工、施工许可证发放、参保、安全生产管理等信息资源。

（7）提升工伤保险参保积极性和社会知晓度

要充分运用传统媒体、新媒体等手段，高密度开展建筑业从业人员特别是农民工喜闻乐见的宣传活动。要在建筑项目施工现场设立工伤保险政策及参保流程宣传栏，实现宣传全覆盖，确保全体进场农民工知晓"个人不缴费、项目全参保、干活要打卡、咨询找社保"。要联合住房和城乡建设、应急管理、工会等部门，对各类新建、在建项目的有关管理人员进行培训,提高按项目参加工伤保险的自觉性和主动性,杜绝因不清楚、不了解、不会办而影响参保工作。已开展工伤预防试点的地区,可使用工伤预防经费对宣传培训活动予以必要经费保障,其他地区应由同级人力资源和社会保障部门作出经费安排。

(8)有效防范和查处恶意骗保行为

在为建筑施工企业按项目参加工伤保险提供便捷、高效服务的同时,要加强管理监督工作,把住关键环节,做到快而不乱、便而不疏。对利用项目参保浑水摸鱼、造假骗保的行为,一经发现,要会同有关部门严肃处理、依法严惩。

47. 危险化学品行业工伤预防培训管理规定

在当今社会,危险化学品行业已成为国民经济的重要组成部分,但其高风险性也使工伤预防工作显得尤为重要,这不仅关系每位从业人员的生命安全与健康,也是保障企业稳定发展、维护社会和谐稳定的关键环节。

为提升危险化学品领域从业人员工伤预防意识和能力,从源头上预防和减少工伤事故发生,2021年,人力资源和社会保障部、应急管理部联合印发了《关于实施危险化学品企业工伤预防能力提升培训工程的通知》,指明了危险化学品企业工伤预防能力提升培训工作任务。

(1)培训对象

将需应急管理部门许可的危险化学品生产企业、储存设施构成重大危险源的经营企业、使用危险化学品从事生产的化工企业,以及涉及重点监管危险化工工艺、构成重大危险源的精细化工企业和化学合成类药品生产企业安全生产分管负责人、专职安全管理人员和班组长（含车间主任，下同）作为重点培训对象。根据工伤预防费情况，重点保障重大危险源企业相关人员培训，可适当扩大或缩小培训范围。

（2）培训内容

根据不同类型危险化学品重点企业和企业安全生产分管负责人、专职安全管理人员和班组长等重点对象特点分类开展针对性培训，具体内容由当地应急管理部门会同人力资源和社会保障部门确定。

（3）培训方式

采取线上学习与线下培训相结合的方式开展培训，缓解企业工学矛盾。线上培训一般以安全生产法规标准和工伤预防基础知识等通识性内容为主，线下培训一般以互动研讨和实操性内容为主。安全生产分管负责人线下培训原则上实行不超过40人的小班互动教学，专职安全管理人员和班组长线下培训班一般不超过80人。

（4）培训时长

各地应根据培训人员、内容、工伤预防费等情况，科学确定危险化学品重点企业安全生产分管负责人、专职安全管理人员和班组长等重点对象培训时长和线上线下分布。安全生产分管负责人和专职安全管理人员应当培训 24～48 学时，一线班组长应当培训 24～72 学时。危险化学品重点企业安全生产分管负责人、专职安全管理人员和班组长等重点对象，线下培训时长原则上均不得低于总培训时长的 60%，班组长实训类课程不少于总培训时长的 1/4。

（5）培训机构

危险化学品企业工伤预防培训任务可由已建立内部培训机构和专兼职师资队伍的大中型化工企业承担，也可由符合条件的行业协会、专业教育培训机构等承担。优先选择在技术、人员、课程等方面更有优势的从事危险化学品培训的机构，鼓励利用能为化工园区提供配套服务的实训基地承担工伤预防培训任务。

48. 新就业形态就业领域职业伤害保障管理规定

近年来，平台经济迅速发展，创造了大量就业机会，新就业形态作为新时代的产物发展迅速，依托互联网平台就业的网约配送员、网约车驾驶员、互联网营销师等新就业形态就业人员数量大幅增加，他们的职业伤害保障问题，一直是党和政府关注的焦点。

2021 年，人力资源和社会保障部办公厅与国家邮政局办公室印发的《关于推进基层快递网点优先参加工伤保险工作的通知》指出，快递企业应当依法参加各项社会保险。快递企业使用劳务派遣方式用工的，应督促劳务派遣公司依法参加社会保险。用工灵活、流动性大的基层快递网点可优先办理参加工伤保险，其中，已取得邮政管理部门快递业务经营许可、具备用人单位主体资格的基层快递网点，可直接为快递员办理优先参保；在邮政管理部门进行快递末端网点备案、不具备用人单位主体资格的基层快递网点，由该网点所属的具备快递业务经营许可资质和用人单位主体资格的企业法人代为办理优先参保，原则上在快递业务经营许可地办理参保，承担工伤保险用人单位责任。

同年，人力资源和社会保障部等八部门共同印发的《关于维护新就业形态劳动者劳动保障权益的指导意见》明确指出，应强化职业伤害保障，以出行、外卖、即时配送、同城货运等行业的平台企业为重点，组织开展平台灵活就业人员职业伤害保障试点，平台企业应当按规定参加。采取政府主导、信息化引领和社会力量承办相结合的方式，建立健全职业伤害保障管理服务规范和运行机制。鼓励平台企业通过购买人身意外、雇主责任等商业保险，提升平台灵活就业人员保障水平。

2022年7月，北京、上海、江苏等7个省市的部分规模较大的出行、外卖、即时配送和同城货运平台企业，开展了新就业形态就业人员职业伤害保障试点，进一步分散了平台企业的经济风险，对促进平台经济规范健康发展发挥了积极作用。

在职业伤害保障工作的推进过程中,为打通职业伤害保障服务痛点堵点,各地借鉴、对标工伤保险制度基本框架,在打通服务堵点、职业伤害认定、经办时效、待遇给付等方面进行创新探索。

(1)打通服务堵点,提高理赔效率

四川省、上海市、北京市等地探索引入商业保险机构参与职业伤害认定、劳动能力鉴定、待遇给付等业务环节,建立起"人社、商保、平台企业"三方沟通协作机制,更高效地开展职业伤害保障相关业务办理。

(2)建立适应平台跨区经营的信息服务系统

上海市通过"全国一体申报、本市串联处理、信息集成共享"的方式,将职业伤害保障相关业务事项进行整合,对一次性伤残补助金、伤残津贴、生活护理费等待遇的给付实现"免申即享"。快递、外卖等行业从业者具有灵活、弹性、共享的特点,"新职伤"通过"总对总"自上而下的信息系统搭建,实现了试点范围内平台从业人员、接单信息等数据跨部门、跨层级、跨区域及时流转。

(3)探索更合理的职业伤害认定经办机制

北京市形成"三合一"经办机制,将职业伤害确认、劳动能力鉴定、待遇核定支付"三件事"合并为待遇给付申请"一件事",在伤害事故发生后,由原来需要劳动者提交三次申请变为仅需提交一次,后续可获得全流程业务办理指引。

第7章 工伤预防工作发展状况

49. 工伤预防工作发展历程

工伤预防是工伤保险制度的重要内容,是运用工伤预防方法或技术手段降低事故发生率,有效保障职工生命安全,减少经济损失,促进企业稳定发展和社会和谐的有效手段。工伤预防工作发展历程主要包括四个阶段,即探索起步阶段、初期发展阶段、全国试点阶段和普遍推广阶段。

(1) 探索起步阶段

1995年前,工伤预防处于探索初期。中华人民共和国成立之初,工伤预防概念尚未提出,相关工作分散于劳动保护、职业安全卫生中。20世纪80年代中后期,部分地区尝试建立工伤保险制度及社会化服务,工伤预防理念初现,工作模式雏形形成。1995年,广东省广州市实施工伤保险浮动费率及奖励制度,江苏省南通市将工伤预防纳入工伤保险。当时,工伤预防归劳动行政部门管理,侧重督促企业开展劳动保护和事故及职业病预防,政府负责监督并提供技术支持和资金支持。

(2)初期发展阶段

1996—2009年,工伤预防工作步入初期发展阶段,这一时期我国由计划经济体制向市场经济体制转型,政府机构改革在一定程度上导致了工伤预防机制发展曲折。20世纪80年代末,部分地区工伤保险制度的探索为后续工作奠定了基础。1996年,劳动部发布了《企业职工工伤保险试行办法》,统一了全国的工伤保险制度。1998年机构改革后,工伤保险向"三位一体"(工伤预防、工伤补偿、工伤康复)制度体系转变。2004年,《工伤保险条例》出台,明确"促进工伤预防",为工伤预防工作提供法规政策支撑,标志着工伤保险的法治化。随后,劳动和社会保障部着手完善工伤预防路径,积极推进其成为工伤保险政策的重要组成部分。

(3)全国试点阶段

2009—2017年,工伤预防工作进入全国试点阶段。为落实《工伤保险条例》并探索工伤预防工作,人力资源和社会保障部于2009年、2013年、2015年三次发布相关文件,推动全国工伤预防试点工作。2010年,国务院修订《工伤保险条例》,自2011年1月1日起实施,标志着国家从法律层面重视工伤预防工作,并专门开辟了财务支持渠道,人力资源和社会保障部由此开始全面构建工伤预防、工伤补偿、工伤康复"三位一体"制度体系。为进一步推动工伤预防工作,经国务院同意,2015年,人力资源和社会保障部与财政部联合发布了《关于调整工伤保险费率政策的通知》，完善行业划分、行业费率及企业浮动费率机制，形成了完整的工伤风险管理体系。

（4）普遍推广阶段

2017年至今，工伤预防工作进入普遍推广阶段。2017年8月17日，人力资源和社会保障部等四部门制定出台了《工伤预防费使用管理暂行办法》，明确了工伤预防费的提取比例、使用范围等，为工伤预防工作全面开展奠定了基础。随后，各地积极响应，出台落实方案，广泛开展宣传培训。2020年12月，为贯彻党的十九届五中全会精神，做好"十四五"时期工伤预防工作，人力资源和社会保障部联合多部门印发《工伤预防五年行动计划（2021—2025年）》，明确了总体要求、三项工作目标、九项任务和四项保障措施。

50. 工伤预防工作发展现状

以2017年人力资源和社会保障部等四部门印发的《工伤预防费使用管理暂行办法》为标志，工伤预防从试点阶段进入了全国普遍推开的阶段，各地纷纷制定出台地方关于工伤预防费使用管理的办法，为开展工伤预防工作奠定了基础。

各地出台的工伤预防费使用管理办法的主要内容包括三个方面。一是规定了工伤预防费的使用比例和使用范围。在保证工伤保险待遇支付能力和储备金留存的情况下，工伤预防费的使用比例原则上不超过本地区上年度工伤保险基金征缴收入的3%，主要用于工伤事故、职业病预防的宣传和培训。二是规定了工伤预防工作的管理体制和管理方式。人力资源和社会保障、财政、卫生健康、应急管理（有的地区还吸收了总工会、公安交通管理）等部门成立工伤预防工作领导小组，按照"政府主导、项目管理、专业运作"和"谁立项谁负责"的原则，省、市、县（区）分级管理。三是明确了工伤预防项目的申请、采购、实施管理、验收、评估流程和规范等要求。每年上半年，省、市工伤预防工作领导小组运用信息分析技术，对上年度本地区工伤保险的支出款、支缴率、事故发生率等情况进行分析研究，确定下一年度的工伤预防工作重点领域，并向社会公布。各地全面推行工伤预防工作，工伤预防费支出总额会逐步增加。

51. 工伤预防工作面临的问题和挑战

（1）对工伤预防思想认识不到位

《工伤保险条例》强调工伤预防是工伤保险制度的核心，是社会保险行政部门及经办机构的法定职责。工伤预防旨在减少事故、保障职工安全和健康，同时提高基金运行效率。然而，部分工作人员和企业经营者对工伤预防理解不足，导致预防工作推进不力。职工的安全素质相对较低、防范技能弱，也易引发事故。多数职工只关注赔付，忽视预防作用，不利于安全生产及工伤预防培训工作的推进。

（2）法规支持体系不完善

我国目前已经制定了《社会保险法》《工伤保险条例》等涉及工伤保险的相关法律法规文件，对工伤预防工作作出了一些原则性的规定，但对工伤预防的支撑力度仍然不足。《社会保险法》中未提及有关工伤预防的内容，《工伤保险条例》只有3处提及工伤预防：第一条立法宗旨中提出促进工伤预防和职业康复，分散用人单位的工伤风险；第十二条提出工伤保险基金用于工伤预防的宣传、培训等费用；工伤预防费用的提取比例、使用和管理的具体办法由有关部门规定。法规政策中关于工伤预防的内容都过于原则，工伤预防工作缺乏明确、可操作的规范和细则。

（3）管理规则和标准不完善

目前，工伤预防项目实施面临程序不明确、筛选评审及监督评估方法缺失的问题，政府采购周期长也影响了项目进展。虽然《工伤预防费使用管理暂行办法》规定了工伤预防费的支出项目，但支出用途未细化，相关财务规则不完善，导致基层部门在使用资金时存在困惑。同时，工伤预防方面的技术、管理标准和工作规范也未明确，缺乏标准依据，进一步制约了工伤预防工作的发展。

（4）工伤预防专业队伍缺乏，第三方服务市场机制尚未形成

工伤预防的技术服务工作有其自身的特点，应建立专业化的技术

服务队伍。目前，各地开展工伤预防培训项目时，常常遇到没有专业机构来参与竞标的情况，且参与培训的机构很多明显不具备工伤预防培训的资质。专注于保护职工的工伤预防专业技术研究机构、第三方专业技术服务机构还没有得到培育并形成规模，工伤预防技术服务工作只存在于个别科研服务机构中，总体规模有限、力量薄弱、覆盖面小且发挥作用有限。这种情况极大地限制了工伤预防工作的推进，也影响宣传、培训工作的质量。

52. 工伤预防的主要任务和政策建议

（1）工伤预防的主要任务

1）构建全新的工伤预防工作机制。构建全新的工伤预防工作机制，需要根据《工伤保险条例》和《工伤预防费使用管理暂行办法》，建立责权明确的工伤预防组织机构，确立以人力资源和社会保障部门为主导的联席会议工作机制，社会保险行政部门和经办机构负责工伤预防工作的统筹、协调、实施工作。从法规、标准、管理三方面完善工伤预防基础工作，为工伤预防工作的实施提供指导。

2）建立工伤预防三项长效机制：

①建立工伤预防项目绩效评估机制是工伤预防项目验收的重要环节，是对项目的完成情况进行综合考核的过程。社会保险行政部门和经办机构需要对工伤预防项目进行绩效评估，督促参保单位和第三方服务机构切实、有效地完成项目，同时对企业产生的效益等进行评价，尽可能地将工伤预防的效果最大化，保障职工切实受益。

②建立第三方服务机构管理机制。工伤预防工作发展的最终导向是形成市场化服务。引入第三方市场化服务，就势必要对第三方服务机构进行管理，建立起第三方服务机构管理机制，进而形成主管部门、参保单位、第三方服务机构协同推进的工伤预防工作模式。应出台有关指导意见，制定对第三方服务机构服务资质、服务过程进行监督以及工伤预防项目验收等规则，通过推动标准、规则的制定，促进市场化专业技术服务的形成，保障第三方市场化服务的良好运转。

③建立基金安全运行机制是工伤预防工作的基本要求。应当牢固树立在确保基金安全的前提下积极主动干事的思想，在制度设计、体系建立、各环节管理等全过程中始终贯穿基金安全的思维，在规则设计、项目运行、绩效考察等环节都要做到真实、有效，要使资金流向、项目执行可见、可查，建立健全档案管理形式，充分利用各种监管手段，确保工伤预防费用到实处。

3）建立工伤预防大数据分析系统。运用工伤预防大数据分析系统的直接目的就是找出工伤预防工作的重点领域，进而采取相应的措施、手段加以控制和预防，将更多的资源投入重点行业的工伤预防中。统计工伤数据资料，建立工伤事故的大数据平台，并及时丰富更新数据库，可实现动态监测，有效地反映行业或企业工伤预防实际发展状况，为下一步实现定量确定各行业企业工伤风险指数做好铺垫。

4）确立科学有效的工伤预防宣传、培训模式：

①规范工伤预防的宣传方式、方法。工伤预防宣传工作是事关职工生命安全的大事，要突出重点行业、重点领域的工伤事故预防宣传，充分利用各种宣传渠道，如广告（视频、短信、传单等）、海报、新闻报道、宣讲、发放知识手册等方式，加大宣传力度，教育和引导各类企业和广大职工增强做好工伤预防工作的主动性和自觉性。

②确立工伤预防的培训模式。在传统的工伤预防培训模式中，培训教师或专家大多进行灌输式的培训，与受训人员之间缺少互动，且方法比较单一，企业和职工参与的积极性也不高，培训的效果达不到预期的目标。现场互动式与持续改善式工伤预防培训模式和参与式工伤预防培训模式十分具有推广意义。现场互动式与持续改善式培训主体明确、条理清楚、探讨深入，能够充分调动受训人员的积极性、创造性。参与式培训在不影响企业正常生产的情况下，通过观察掌握企业平时真实的安全生产情况，为企业找出存在或潜在的工伤危险因素，针对每一危险因素制定配套的分析讲解课件。

（2）工伤预防的政策建议

1）细化《工伤预防费使用管理暂行办法》有关规定。《工伤预防费使用管理暂行办法》将工伤预防费的使用简要概括为工伤事故和职业病预防宣传、工伤事故和职业病预防培训两大类，但对具体要求没有进行细化。宣传和培训的方式、方法有很多，但究竟哪些方式、方法能够合法地用于工伤预防的宣传、培训，在《工伤预防费使用管理暂行办法》中并没有进行详细规定。例如，宣传的方法有书籍宣传、广告宣传、网络宣传及开展讲座、主题活动、VR（虚拟现实）体验等，培训的方式有参与式培训、互动式培训等。这些都应该明确化、规范化，才能有效地推动工伤预防工作的开展。

2）完善基金的监管政策。工伤预防费的管理和监督是工伤预防机制顺利运行的重要保障，是工伤预防工作良好发展的重要基石。工伤预防费用属于社会保险基金中的一部分，其所有权归属于全体参保人，由经办机构行使管理权，财政部门行使监督权。完善基金的监管政策，尤其是工伤预防费的监管政策，明确各方的职能，是保证工伤预防机制顺利运行的重中之重。

3）制定工伤预防的标准规则。制定工伤预防相关的技术标准是开展工伤预防工作的基础，具体工伤预防项目的实施需要一套完善的技术标准体系来支撑，应当组织制定工伤预防费管理标准、工伤预防培训项目筛选办法、工伤预防培训项目评审办法、工伤预防培训项目实施办法、用人单位职工岗位风险评估导则、用人单位管理人员工伤预防培训大纲及考核标准、用人单位职工工伤预防培训大纲及考核标准、用人单位工伤预防培训效果评估导则等急需的标准、规则，进一步完善、细化工伤预防的指导标准，为推进工伤预防工作全面开展奠定良好的基础。